Direitos autorais © 2023 JOSÉ RUIZ WATZECK

Todos os direitos reservados

Nenhuma parte deste livro pode ser reproduzida ou armazenada em um sistema de recuperação, ou transmitida de qualquer forma ou por qualquer meio, eletrônico, mecânico, fotocópia, gravação ou outro, sem a permissão expressa por escrito da editora.

ISBN-13: 9798378737987

Design da capa por: WATZECK HOME STUDIOUS DIGITAL

Impresso nos Estados Unidos da América

I0479270

COLETÂNE ASTROFÍSICA

AS ESTRELAS DO UNIVERSO

Volume 1

SUMÁRIO

RESUMO

As estrelas são uma das entidades mais fascinantes do universo, e desde os tempos antigos, têm sido objeto de estudo e admiração. Com o advento da tecnologia moderna, fomos capazes de descobrir e compreender melhor a natureza dessas entidades cósmicas, que são os blocos de construção básicos do universo.

Neste livro, iremos explorar as maiores estrelas conhecidas no universo, que apresentam dimensões inimagináveis e desafiam nossa compreensão da física estelar. Estas estrelas, que variam em tamanho, brilho e idade, oferecem uma visão única sobre a evolução e a dinâmica do universo.

A formação de uma estrela gigante começa com o colapso gravitacional de uma nuvem molecular de gás e poeira. À medida que a nuvem se contrai, a temperatura e a densidade em seu núcleo aumentam até que ocorra a ignição nuclear, dando início à fusão do hidrogênio em hélio. A energia liberada por esse processo sustenta a estrela, que entra em um equilíbrio hidrostático entre a força da gravidade e a pressão da radiação.

No entanto, as maiores estrelas do universo seguem um caminho evolutivo diferente. Como elas têm uma massa muito maior que a do Sol, elas consomem seu combustível nuclear muito mais rapidamente. Como resultado, sua vida útil é significativamente mais curta e seu destino final é muito diferente.

À medida que a estrela se aproxima do fim de sua vida, ela sofre uma série de explosões termonucleares que culminam em uma supernova. Isso libera uma quantidade incrível de energia e pode levar à formação de objetos estelares compactos, como buracos negros ou estrelas de nêutrons.

A estrutura interna de uma estrela gigante é influenciada por sua massa, temperatura e idade. À medida que a estrela envelhece, ela se expande e esfria, resultando em uma atmosfera cada vez mais rarefeita e um núcleo cada vez mais denso.

As estrelas gigantes são conhecidas por sua alta luminosidade, que é uma medida da quantidade de energia que elas emitem. Isso ocorre porque essas estrelas têm uma taxa de fusão nuclear muito alta em seu núcleo, o que resulta na liberação de enormes quantidades de energia na forma de radiação eletromagnética. Algumas dessas estrelas podem emitir mais de um milhão de vezes a luminosidade do Sol.

As estrelas gigantes têm implicações significativas na evolução do universo, elas são responsáveis pela produção de elementos pesados, como o ferro, que são essenciais para a formação de planetas e vida. Além disso, a explosão de uma supernova pode resultar na formação de novas estrelas e sistemas planetários.

Entretanto, as estrelas gigantes também podem representar um perigo para a vida no universo, a explosão de uma supernova pode ser extremamente destrutiva e pode aniquilar todas as formas de vida em um sistema estelar próximo.

As medidas astronômicas são utilizadas para estudar objetos celestes e compreender o universo. Essas medidas são feitas utilizando unidades especiais para quantificar distâncias, tamanhos, massas e outras propriedades dos corpos celestes.

Algumas das unidades mais comuns utilizadas na astronomia incluem: Unidade Astronômica (UA): usada para medir distâncias dentro do sistema solar, correspondendo à distância média entre a Terra e o Sol, cerca de 150 milhões de quilômetros.

Ano-luz (AL): usada para medir distâncias fora do sistema solar, correspondendo à distância que a luz percorre em um ano, equivale a 9,5 trilhões de quilómetros.

Parsec (pc): outra unidade de medida de distância fora do sistema solar, correspondendo à distância em que uma estrela teria uma paralaxe de um segundo de arco, o que representa 3,2 AL (ano luz). Podemos aplicar também em distâncias superiores, a medida de megaparsecs e o gigaparsecs, contudo, assunto para um próximo livro.

Magnitude aparente: usada para medir o brilho dos objetos celestes, com números menores indicando maior brilho.

Magnitude absoluta: usada para medir a luminosidade intrínseca de um objeto celeste, ajustando sua magnitude aparente com base na sua distância.

Radiano (rad): usada para medir ângulos no céu, correspondendo ao ângulo central subtendido por um arco de um comprimento igual ao raio da circunferência.

Essas medidas astronômicas são essenciais para a pesquisa e compreensão do universo, e são utilizadas em diversas áreas da astronomia, como a astrofísica, astrobiologia e cosmologia.

Para concluirmos, as estrelas são verdadeiros colossos cósmicos que desafiam nossa compreensão do universo. Seu tamanho, brilho e evolução apresentam um conjunto de desafios únicos para a física estelar e para a nossa compreensão da dinâmica do universo. Além disso, essas estrelas têm implicações significativas na evolução do universo e podem desempenhar um papel crucial na formação de planetas e vida. Este livro oferece uma visão detalhada e acessível desses fenômenos celestes extraordinários e da sua importância para a nossa compreensão do universo.

O SOL

Em relação a todos os corpos do nosso sistema solar como, cometas, poeira estelar, asteroides, planetas, satélites naturais e etc..., orbitam esta estrela. Classificada como uma anã amarela, responsável por 99,86% da massa do *Sistema Solar*, o Sol possui uma massa 332.900 vezes maior do que a da Terra, e seu volume é 1,3 milhões de vezes maior do que o do nosso planeta. A distância da Terra ao Sol é de cerca de 150 milhões de quilômetros ou 1 unidade astronômica (UA). Esta distância varia ao longo do ano, de um mínimo de 147,1 milhões de quilômetros (0,9833 UA), no periélio[1], a um máximo de 152,1 milhões de quilômetros (1,017 UA), no afélio[2] (que ocorre em torno do dia 4 de julho).

A luz solar demora cerca de 500 segundos, ou 8 minutos e 34 segundos para atingir a Terra, sua composição primária é 74% de sua massa ou 91% do seu volume, constitui em hidrogênio, 24% de sua massa ou 7% do seu volume, é constituído por hélio e os demais elementos sendo em torno de 2% do seu volume, constitui-se em ; cálcio, crômio, enxofre, ferro, néon, níquel, oxigênio, e silício. Sua classe espectral é conhecida como G2V, sua temperatura varia de acordo com a camada de sua estrutura. O núcleo, que corresponde à porção central da estrutura solar, é também a sua região mais quente. É nele que ocorre o processo de fusão dos átomos de hidrogênio, resultando na formação de hélio. A fusão nuclear é responsável pela geração do calor propagado para outras camadas. Assim, a temperatura do núcleo do Sol chega a **15,7 milhões de graus Celsius**. Na superfície solar, que recebe o nome de fotosfera, a temperatura é muito menor do que no núcleo, chegando a 5.500 °C. A zona convectiva, que consiste em uma camada intermediária, apresenta temperaturas de até dois milhões de graus Celsius ou 5.780 graus Kelvin[3] ou 5.780K onde sua cor original é branca, embora aqui na Terra se veja na cor amarela, alaranjado e as vezes avermelhado quando no horizonte. A origem do Sol está associada ao colapso gravitacional da nebulosa solar, uma nuvem formada por poeira e gases, esse processo teve início há cerca de **4,5 bilhões de anos**, que corresponde à idade do Sol.

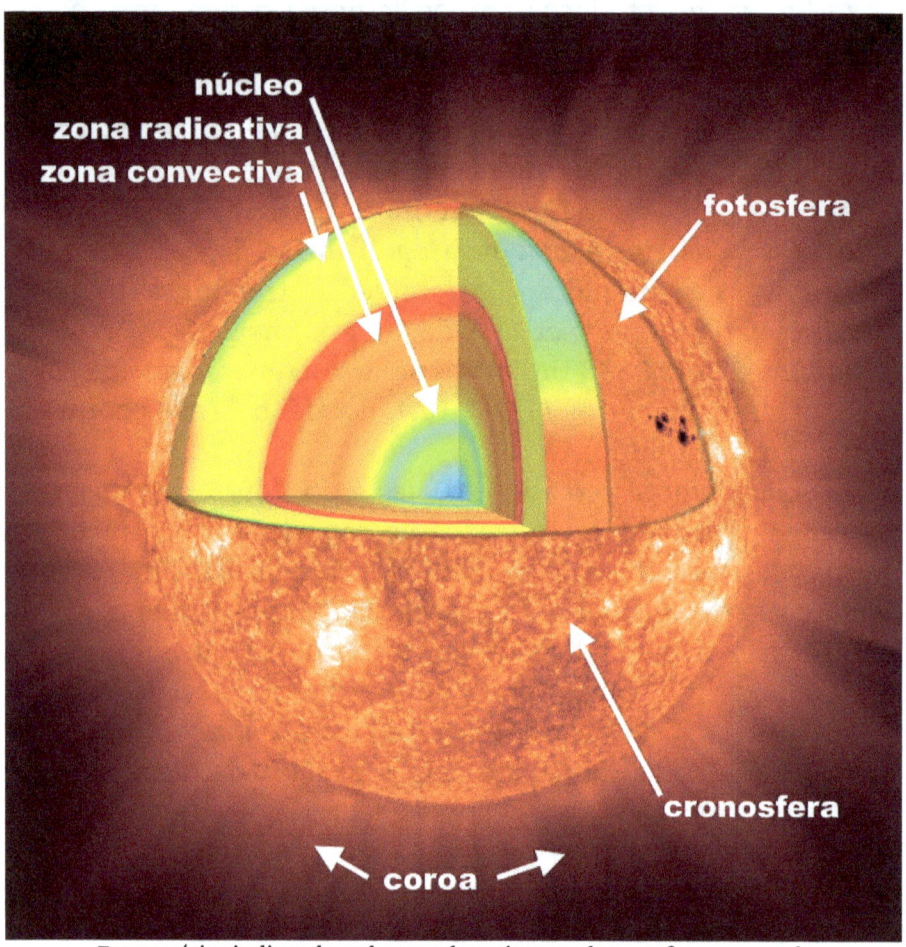

Esquemática indicando cada uma das seis camadas que formam o Sol.

.   **Núcleo:** corresponde à camada mais interior do Sol. Ele possui cerca de mil vezes o tamanho da Terra, além de ser também mais denso do que o nosso planeta. Conforme vimos anteriormente, é no núcleo do Sol que acontecem as reações nucleares responsáveis pela produção dos átomos de hélio. Como resultado desse processo, há a emissão de luz e geração de calor.

.   **Zona radiativa:** é uma extensa camada que envolve o núcleo, correspondendo a quase metade do raio do Sol. A energia que é gerada no núcleo solar irradia através dessa região, onde a temperatura decai significativamente se comparada à primeira camada.

.   **Zona convectiva:** também chamada de zona de convecção, corresponde à camada posicionada acima da zona radiativa. Nela, a energia é transferida por meio das correntes de convecção formadas pelo movimento dos gases em altas temperaturas.

.   **Fotosfera:** corresponde à superfície do Sol. Com o auxílio de instrumentos apropriados é possível observar as colunas térmicas que ascendem da zona convectiva para a fotosfera, que aparecem na forma de grânulos. Manchas escuras são também observadas e recebem o nome de manchas solares.

.   **Cromosfera:** compõe a atmosfera solar, logo acima da fotosfera. Possui uma cor rosada e temperaturas mais baixas, em torno de 4.700 °C. Jatos gasosos são emitidos dessa camada em direção à coroa.

.   **Coroa:** camada mais exterior da atmosfera solar. A coroa é muito mais quente do que as camadas inferiores a ela, chegando a 2 milhões de graus Celsius nas áreas mais distantes da superfície. Ela consiste em uma região muito extensa, de milhões de quilômetros, formada por gases em movimento. Sua velocidade é variável e pode chegar a 400 km/s. É onde se formam os ventos solares.

Não existe superfície sólida no Sol, e por esta razão, é difícil determinar quantos dias ele demora para completar a sua rotação. Estima-se que, na sua linha equatorial, esse movimento ocorra em 25 dias terrestres, e nos polos, é mais demorado, 36 dias terrestres.

O ciclo de vida do sol

Evolução estelar é medida em duas maneiras: através da presente idade da sequência, que é determinada através de modelagens computacionais de evolução estelar; e nucleocosmocronologia[4]. A idade medida através destes procedimentos está de acordo com a idade radiométrica[5] do material mais antigo encontrado no Sistema Solar, que possui 4,567 bilhões de anos.

O Sol está aproximadamente na metade da sequência principal, período onde o qual fusão nuclear fusiona hidrogênio em hélio. A cada segundo, mais de 4 milhões de toneladas de matéria são convertidas em energia dentro do centro solar, produzindo neutrinos e radiação solar. Nesta velocidade, o Sol converteu cerca de 100 massas terrestres de massa em energia, desde sua formação até o presente. O Sol ficará na sequência principal por cerca de 10 bilhões (10 mil milhões) de anos. Em cerca de 5 bilhões de anos, o hidrogênio no núcleo solar esgotará. Quando isto ocorrer, o Sol entrará em contração devido à sua própria gravidade, elevando a temperatura do núcleo solar até 100 milhões de kelvins, suficiente para iniciar a fusão nuclear do hélio, produzindo carbono, entrando na fase do ramo gigante assimptótico.

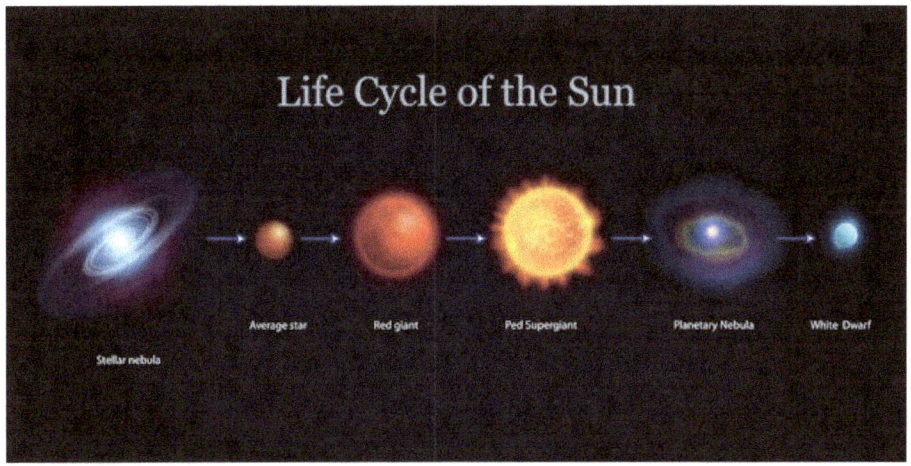

A produção de energia solar

A fusão de hidrogênio ocorre primariamente segundo uma cadeia de reações chamada de cadeia próton-próton:

$$4\ ^1H \rightarrow 2\ ^2H + 2\ e^+ + 2\ \nu_e \ (4{,}0\ MeV + 1{,}0\ MeV)$$
$$2\ ^1H + 2\ ^2H \rightarrow 2\ ^3He + 2\ \gamma \ (5{,}5\ MeV)$$
$$2\ ^3He \rightarrow\ ^4He + 2\ ^1H \ (12{,}9\ MeV)$$

Estas reações podem ser sumarizadas segundo a seguinte fórmula:

$$4\ ^1H \rightarrow\ ^4He + 2\ e^+ + 2\ \nu_e + 2\ \gamma \ (26{,}7\ MeV)$$

O Sol possui cerca de $8{,}9 \times 10^{56}$ núcleos de hidrogênio (prótons livres), com a cadeia próton-próton ocorrendo $9{,}2 \times 10^{37}$ vezes por segundo no núcleo solar. Visto que esta reação utiliza quatro prótons, cerca de $3{,}7 \times 10^{38}$ prótons (ou $6{,}2 \times 10^{11}$ kg) são convertidos em núcleos de hélio a cada segundo.[Esta reação converte 0,7% da massa fundida em energia, e como consequência, cerca de 4,26 milhões de toneladas métricas por segundo são convertidos em 383 yotta-watts ($3{,}83 \times 10^{26}$ W), ou $9{,}15 \times 10^{10}$ megatoneladas de TNT de energia por segundo,

segundo a equação de massa-energia $E=mc^2$ de Albert Einstein.

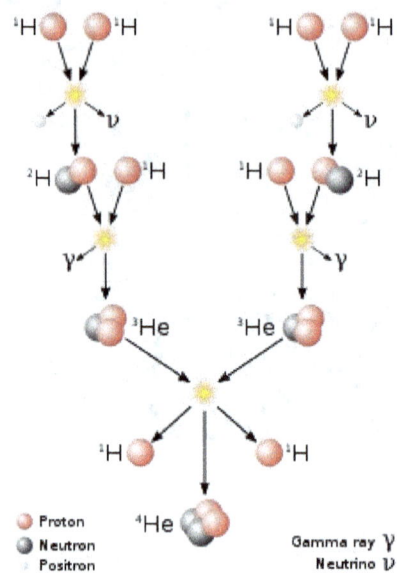

Diagrama da cadeia próton-próton, o ciclo de fusão nuclear que
gera a maior parte da energia do Sol

A densidade de potência é de cerca de 194 µW/kg de matéria, e, embora visto que a fusão ocorra no relativamente pequeno núcleo solar, a densidade da potência do plasma nesta região é 150 vezes maior. Em comparação, o calor produzido pelo corpo humano é de 1,3 W/kg, cerca de 600 vezes maior do que no Sol, por unidade de massa.

Mesmo tomando em consideração apenas o núcleo solar, com densidades 150 vezes maior do que a densidade média da estrela, o Sol produz relativamente pouca energia, a uma taxa de 0,272 W/m³. Surpreendentemente, essa potência é muito inferior àquela gerada por uma vela acesa. O uso de plasma na Terra com parâmetros similares ao do núcleo solar é impossível, mesmo uma modesta usina de 1 GW requereria cerca de 5 bilhões (5 mil milhões) de toneladas métricas de plasma.

A taxa de fusão nuclear depende muito da densidade e da temperatura do núcleo: uma taxa um pouco mais alta de fusão faz com que o núcleo aqueça, expandindo as camadas exteriores do Sol, e consequentemente, diminuindo a pressão gravitacional exercida pelas camadas externas e a taxa de fusão. Com a diminuição da taxa de fusão, as camadas externas contraem, aumentando sua pressão contra o núcleo solar, o que novamente aumentará a taxa de fusão fazendo repetir-se o ciclo.

Os fótons de alta energia (raios gamas) gerados pela fusão nuclear são absorvidos por núcleos presentes no plasma solar e reemitidos novamente em uma direção aleatória, dessa vez com uma energia um pouco menor. Depois são novamente absorvidos e o ciclo se repete. Como consequência, a radiação gerada pela fusão nuclear no núcleo solar demora muito tempo para chegar à superfície. Estimativas do tempo de viagem variam entre 10 a 170 mil anos.

Após passar pela camada de convecção até a superfície "transparente" da fotosfera, os fótons escapam como luz visível. Cada raio gama no núcleo solar é convertido em vários milhões de fótons visíveis antes de escaparem no espaço. Neutrinos também são gerados por fusão nuclear no núcleo, mas, ao contrário dos fótons, raramente interagem com matéria. A maior parte dos neutrinos produzidos acabam por escapar do Sol imediatamente. Por vários anos, medidas do número de neutrinos produzidos pelo Sol eram três vezes mais baixas do que o previsto. Este problema foi resolvido recentemente com a descoberta dos efeitos da oscilação de neutrinos.

ALPHA CENTAURI

A estrela Alpha Centauri é um sistema estelar triplo localizado a cerca de 4,37 anos-luz da Terra, na constelação de Centauro. É a estrela mais próxima do nosso sistema solar, e pode ser vista a olho nu no hemisfério sul.

O sistema é composto por três estrelas: Alpha Centauri A, Alpha Centauri B e Próxima Centauri. Alpha Centauri A e B orbitam uma em torno da outra, formando um sistema binário, enquanto Próxima Centauri está mais distante e orbita o par central.

Alpha Centauri A é a estrela mais brilhante do sistema, com uma massa um pouco maior que a do Sol, enquanto Alpha Centauri B é um pouco menor e mais fria. Próxima Centauri é uma estrela anã vermelha, com cerca de um oitavo da massa do Sol.

Há muito interesse na Alpha Centauri como um destino potencial para a exploração espacial e a busca por vida extraterrestre, já que é a estrela mais próxima do nosso sistema solar. Várias missões e iniciativas estão sendo planejadas para estudar este sistema estelar mais de perto.

Cada uma dessas estrelas tem suas próprias características físicas e químicas distintas.

Alpha Centauri A é uma estrela amarela-branca, com uma massa de cerca de 1,1 vezes a massa do Sol, um raio de aproximadamente 1,22 vezes o raio solar e uma temperatura de cerca de 5.800 Kelvin. Sua luminosidade é cerca de 1,5 vezes a do Sol.

Alpha Centauri B é uma estrela amarela e laranja, com uma massa de cerca de 0,9 vezes a massa do Sol, um raio de aproximadamente 0,86 vezes o raio solar e uma temperatura de cerca de 5.300 Kelvin. Sua luminosidade é cerca de 0,5 vezes a do Sol.

Próxima Centauri é uma estrela anã vermelha, com uma massa de cerca de 0,12 vezes a massa do Sol, um raio de aproximadamente 0,14 vezes o raio solar e uma temperatura de cerca de 3.000 Kelvin. Sua luminosidade é cerca de 0,0015 vezes a do Sol.

Em relação à composição química, as três estrelas são compostas principalmente de hidrogênio e hélio, com traços de outros elementos, como carbono, oxigênio, nitrogênio, ferro e outros metais. A análise da luz emitida pelas estrelas permite aos cientistas determinar a composição química e outras propriedades físicas desses objetos celestes.

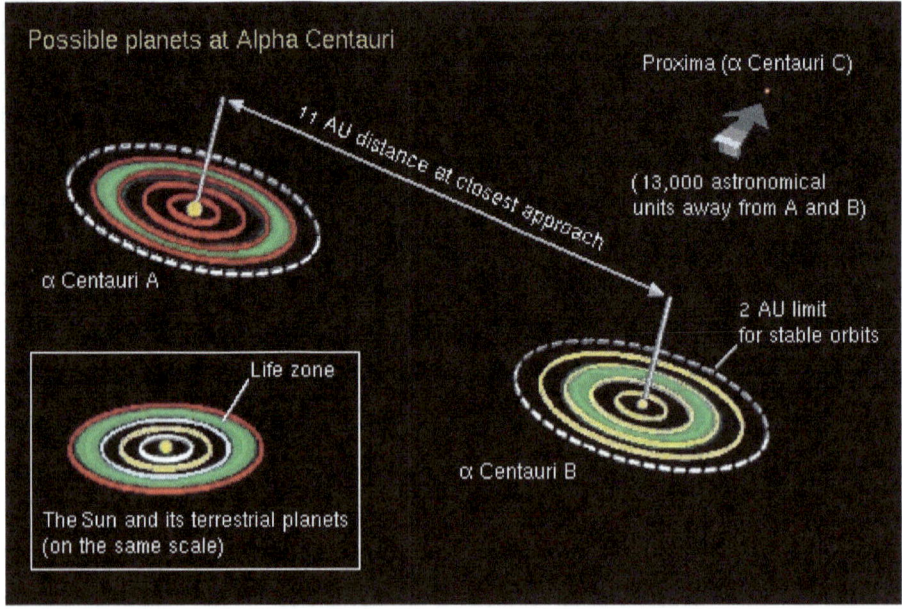

A distância entre Alpha Centauri A e Alpha Centauri B varia ao longo do tempo, devido à sua órbita elíptica em torno de seu centro de massa comum. Essa distância varia de cerca de 11 unidades astronômicas (UA) no periastro (ponto mais próximo da órbita) a cerca de 35 UA no apoastro (ponto mais distante da órbita). Em média, a distância entre as duas estrelas é de cerca de

23,7 UA.

A distância entre Alpha Centauri A e Próxima Centauri é de cerca de 13.000 UA, ou cerca de 4,24 anos-luz. A distância entre Alpha Centauri B e Próxima Centauri é de cerca de 12.900 UA, ou cerca de 4,22 anos-luz.

Em resumo, as estrelas do sistema Alpha Centauri estão relativamente próximas umas das outras, em comparação com outras estrelas do universo, mas ainda estão muito distantes para serem alcançadas com as tecnologias atuais.

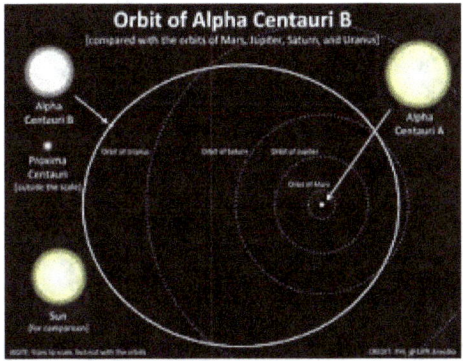

Até o momento, foram descobertos alguns planetas orbitando estrelas no sistema Alpha Centauri, mas nenhum deles orbita diretamente as estrelas Alpha Centauri A ou B, que formam um sistema binário.

O primeiro planeta descoberto no sistema Alpha Centauri foi Próxima b, em 2016, que orbita a estrela Próxima Centauri em uma órbita muito próxima, com um período orbital de cerca de 11,2 dias. Próxima b é um planeta rochoso com uma massa semelhante à da Terra e orbita em uma zona habitável, o que significa que pode haver água líquida em sua superfície. No entanto, ainda não se sabe se o planeta tem uma atmosfera adequada para suportar a vida.

Em 2017, outro planeta foi descoberto orbitando a estrela Alpha Centauri B, mas sua existência ainda não foi confirmada por outros observatórios, e mais pesquisas são necessárias para confirmar sua presença.

Além desses dois planetas, há várias iniciativas em andamento para buscar mais planetas no sistema Alpha Centauri, incluindo o projeto "Breakthrough Starshot", que propõe enviar uma frota de sondas espaciais ultra velozes para estudar o sistema de perto. Com esses esforços, é possível que mais planetas no sistema Alpha Centauri sejam descobertos no futuro.

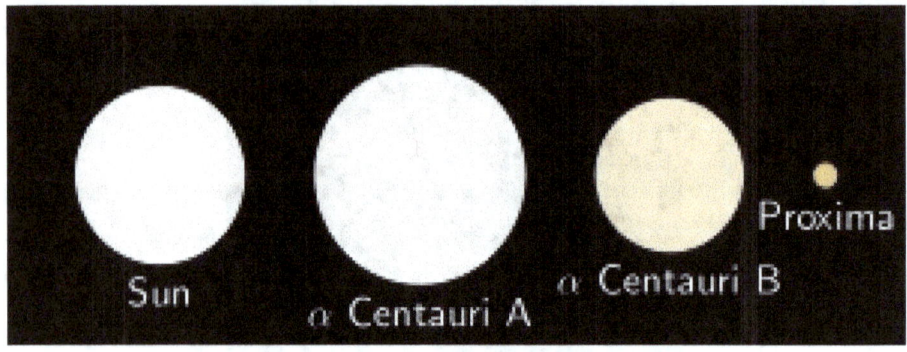

Tamanho e cor dos componentes de Alfa Centauri aparecem em escala comparados com o Sol

SIRIUS

Sirius é uma estrela binária localizada na constelação do Cão Maior. É a estrela mais brilhante do céu noturno, com uma magnitude aparente de -1,46. A estrela principal, conhecida como Sirius A, é uma estrela da sequência principal de tipo espectral A1V, enquanto a companheira, conhecida como Sirius B, é uma anã branca extremamente densa. A distância de Sirius da Terra é de cerca de 8,6 anos-luz, tornando-a uma das estrelas mais próximas de nós, em termos de quilômetros, essa distância equivale a cerca de 8,1 trilhões de km (8,1 x 10^12 km).

Essa distância é relativamente próxima em termos astronômicos, tornando Sirius uma das estrelas mais próximas do nosso sistema solar. A proximidade de Sirius permitiu que os astrônomos estudem e observem a estrela com detalhes e precisão, usando diferentes técnicas de observação, como a espectroscopia, a fotometria e a interferometria.

Além disso, Sirius tem grande importância histórica e cultural em muitas sociedades ao redor do mundo, incluindo a antiga cultura egípcia e a cultura indígena Dogon, que possuem lendas e mitos sobre a estrela.

A composição química e física de Sirius A, a estrela principal do sistema binário, é bem conhecida pelos astrônomos e cientistas. Baseado em observações espectroscópicas, acredita-se que a composição química de Sirius A é semelhante à do Sol, composta principalmente de hidrogênio (cerca de 71% da massa) e hélio (cerca de 27% da massa), com traços de outros elementos mais pesados, como oxigênio, carbono, ferro, nitrogênio e outros.

Em termos de física, Sirius A é uma estrela de classe A1V, com uma temperatura superficial estimada em cerca de 9.940 Kelvin e uma massa aproximada de 2,02 massas solares. Sua luminosidade é cerca de 25 vezes maior que a do Sol e sua idade é estimada em cerca de 230 milhões de anos. É uma estrela muito estável e está na fase principal de sua evolução estelar, convertendo hidrogênio em hélio em seu núcleo através de reações de fusão nuclear.

Já Sirius B, a estrela companheira do sistema binário, é uma anã branca extremamente densa e quente, com uma massa aproximada de 0,6 massas solares e um raio estimado em apenas 0,0085 vezes o raio do Sol. Sua temperatura superficial é estimada em cerca de 25.200 Kelvin, tornando-a uma das estrelas mais quentes conhecidas. Acredita-se que Sirius B seja o núcleo exposto de uma estrela gigante que perdeu sua atmosfera externa em um estágio anterior de sua evolução. A distância orbital entre as duas estrelas é de cerca de 20 unidades astronômicas (UA).

Composta por duas estrelas que orbitam em torno de um centro de massa comum, devido à força gravitacional que atua entre elas, a estrela principal, Sirius A, tem uma massa maior do que a estrela companheira, Sirius B, e, portanto, o centro de massa do sistema binário está mais próximo de Sirius A.

A órbita de Sirius B em torno de Sirius A é muito pequena em comparação com a órbita da Terra em torno do Sol. De acordo com as observações, a distância média entre as duas estrelas é de cerca de 20 unidades astronômicas (UA) e o período orbital é de cerca de 50,1 anos. A excentricidade da órbita é muito baixa, o que significa que a distância entre as estrelas não varia muito durante a órbita.

A interação gravitacional entre as duas estrelas tem efeitos observáveis, como um deslocamento periódico da posição aparente de Sirius A no céu, conhecido como movimento próprio. Além disso, a órbita de Sirius B é inclinada em relação à linha de visão da Terra, o que causa variações periódicas no brilho do sistema binário, conhecidas como variações de velocidade radial. Essas variações permitem determinar a massa e outras propriedades das estrelas do sistema binário.

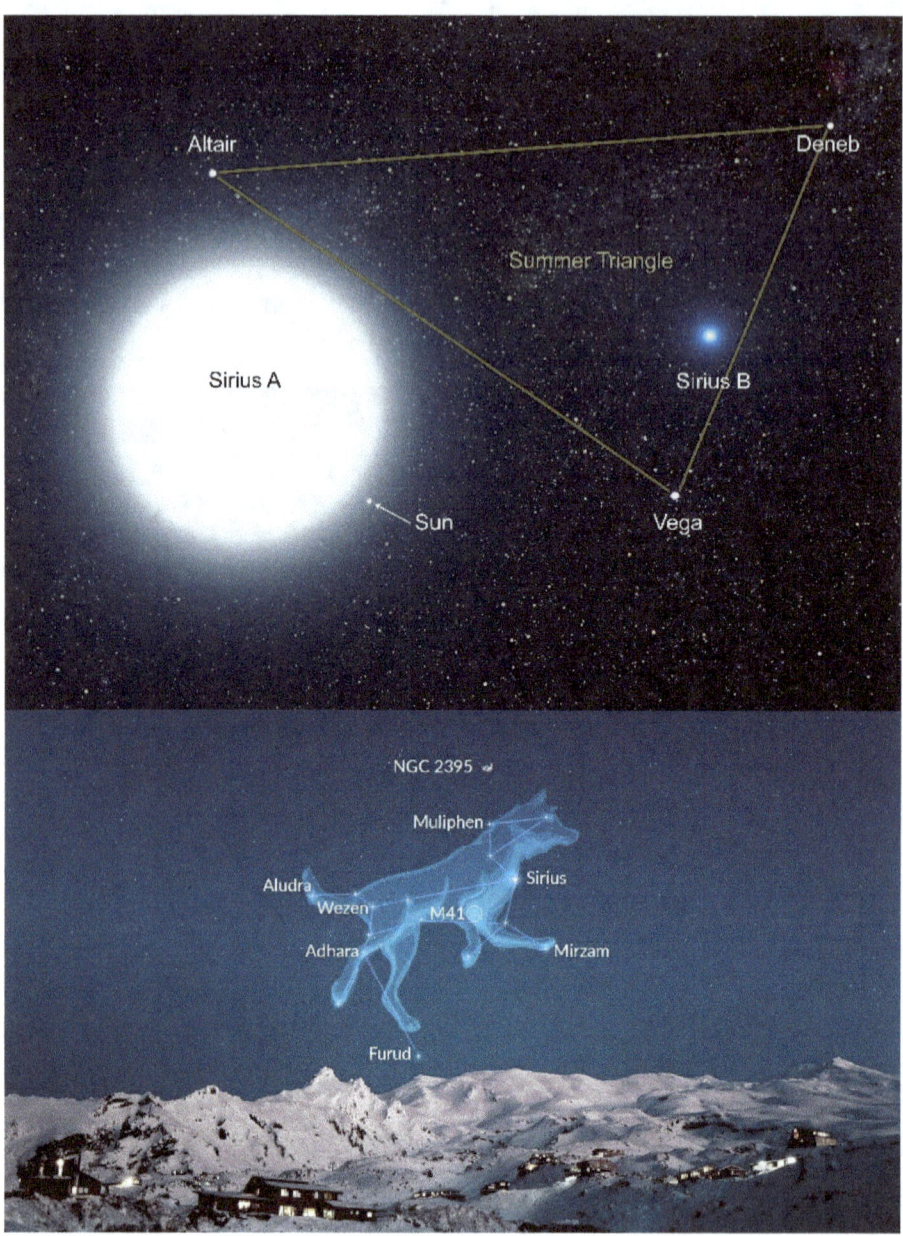

WR 104

A estrela WR 104, é um sistema estelar binário localizado na constelação de Sagitário, a cerca de 8.000 anos-luz de distância da Terra. É classificada como uma estrela Wolf-Rayet, um tipo de estrela extremamente luminosa e massiva que está chegando ao fim de sua vida.

O sistema binário consiste em duas estrelas que orbitam em torno de um centro comum de massa. Uma das estrelas é uma estrela Wolf-Rayet com uma massa de cerca de 25 vezes a do sol, enquanto a outra é uma estrela menor, mas mais massiva, com uma massa de cerca de 10 vezes a do sol.

Uma das características mais interessantes de WR 104 é a presença de uma nuvem de poeira que rodeia as estrelas, que se pensa ter sido ejetada do sistema numa fase anterior da sua evolução. Acredita-se que esta nuvem de poeira tenha a forma de uma espiral ou um pião, e pode ser um precursor de uma futura explosão de supernova.

Devido à sua localização na Via Láctea, WR 104 é fortemente obscurecida pelo pó interestelar, tornando-a difícil de estudar. No entanto, continuamos a observar o sistema usando diversas técnicas, incluindo observações infravermelhas e de raios-X, para aprender mais sobre as propriedades e evolução das estrelas massivas.

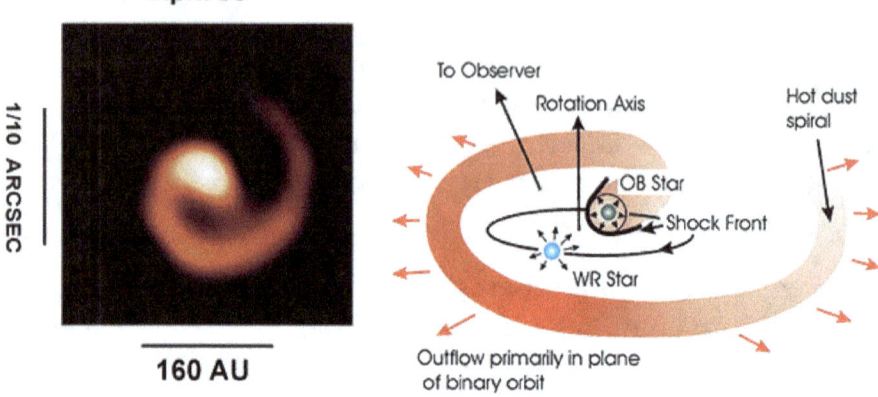

WR 104 at 2.27 Microns
April 98

Interacting Binary Wind Model
of Spiral Outflow Around WR 104

1/10 ARCSEC

160 AU

To Observer
Rotation Axis
Hot dust spiral
OB Star
Shock Front
WR Star
Outflow primarily in plane
of binary orbit

Não há evidências científicas de que a WR 104 represente um risco direto para a Terra. Embora seja uma estrela massiva e instável, e possa eventualmente explodir em uma supernova, é improvável que os efeitos da explosão atinjam a Terra diretamente devido à sua distância.

No entanto, a explosão de uma supernova próxima pode ter efeitos indiretos na Terra, como aumentar a radiação cósmica, causar mudanças no clima e afetar a camada de ozônio. Além disso, se a nuvem de poeira em torno de WR 104 fosse apontada para a Terra, ela poderia afetar a atmosfera e possivelmente causar uma chuva de meteoros.

Contudo, é importante notar que a chance de uma supernova ocorrer em WR 104 é considerada muito baixa, e mesmo que isso aconteça, a probabilidade de afetar a Terra de maneira significativa diminua bastante.

Por ser uma estrela extremamente massiva e quente, com sua temperatura de superfície estimada em cerca de 50.000 a 60.000 graus Celsius, ela perdeu a maior parte de sua camada externa de hidrogênio e hélio através do forte vento estelar, expondo camadas internas de elementos mais pesados.

Estudos espectroscópicos indicam que WR 104 é rica em elementos pesados, como carbono, oxigênio, nitrogênio, silício e ferro. Além disso, a análise da luz emitida pela estrela sugere a presença de outros elementos, como neônio, magnésio, enxofre e argônio.

A estrela também é conhecida por ser cercada por uma nuvem de poeira, que provavelmente contém compostos orgânicos e minerais produzidos a partir dos elementos pesados emitidos pela estrela.

Seu espectro mostra a presença de uma variedade de elementos, e a nuvem de poeira em torno dela contém compostos orgânicos e minerais.

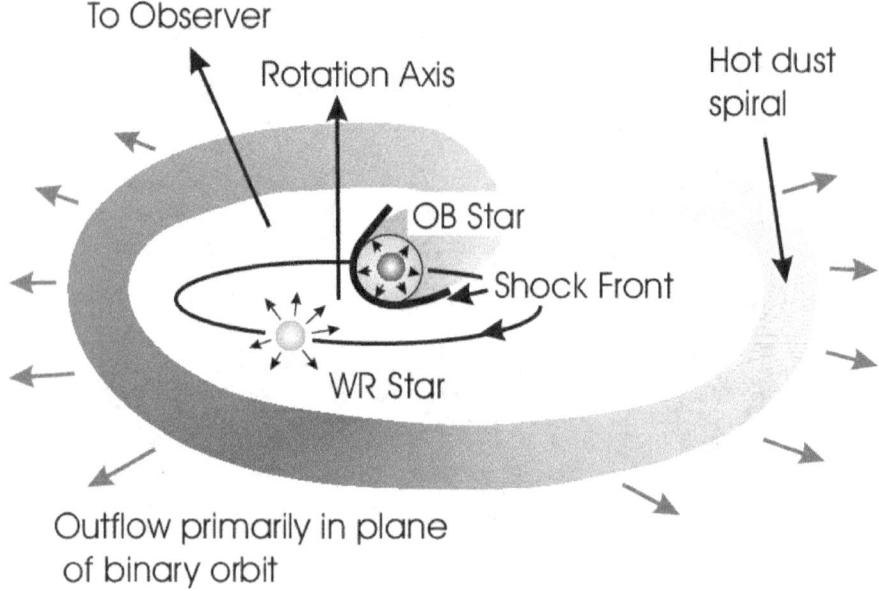

A órbita da Estrela WR 104 é complexa, pois as duas estrelas estão muito próximas uma da outra e se influenciam mutuamente com sua gravidade. A estrela menor e mais massiva orbita em torno da estrela Wolf-Rayet a cada 220 dias, enquanto a distância entre as duas estrelas varia entre cerca de 10 e 30 vezes a distância média entre a Terra e o Sol.

Além disso, a inclinação da órbita em relação à linha de visão da Terra é alta, o que significa que vemos o sistema de um ângulo inclinado dificultando a observação e análise correta da órbita.

ZETA ORIONIS - ALNITAK

A lnitak é uma estrela supergigante azul localizada na constelação de Orion, a cerca de 800 anos-luz de distância da Terra. É uma das estrelas mais brilhantes na região de Orion e é facilmente visível a olho nu, conhecida popularmente como "*As três Marias*". Faz parte do "Cinturão de Órion", uma formação proeminente de três estrelas no céu noturno. Alnitak é a estrela mais oriental do cinturão, enquanto as outras duas estrelas são Alnilam (no centro) e Mintaka (a oeste). Alnitak tem uma massa estimada em cerca de 30 vezes a massa do Sol e é uma estrela muito jovem, com idade estimada em apenas cerca de 6 milhões de anos.

Alnitak tem uma massa estimada em cerca de 30 vezes a massa do Sol e um diâmetro estimado em cerca de 20 vezes o diâmetro do Sol. Isso significa que Alnitak é uma estrela supergigante azul extremamente grande e brilhante, com um tamanho físico de cerca de 40 milhões de quilômetros (aproximadamente 28 vezes a distância entre a Terra e o Sol) e uma temperatura de superfície de cerca de 28.000 graus Celsius.

Alnilam é uma estrela supergigante azul localizada na constelação de Orion, assim como Alnitak e Mintaka. Tem uma massa estimada em cerca de 30 vezes a massa do Sol e um diâmetro estimado em cerca de 36 vezes o diâmetro do Sol. Isso significa que Alnilam é uma estrela extremamente grande, com um tamanho físico de cerca de 23 milhões de quilômetros (aproximadamente 16 vezes a distância entre e cerca de 31.000 graus Celsius. Mintaka é a estrela mais ocidental do Cinturão de Órion, enquanto Alnilam é a estrela central do cinturão e Alnitak é a estrela mais oriental.

Alnitak, Alnilam e Mintaka são todas estrelas supergigantes azuis ou gigantes azul-brancas, o que significa que possuem composições químicas e físicas semelhantes. A composição química dessas estrelas é determinada principalmente pela fusão nuclear que ocorre em seus núcleos, que converte hidrogênio em hélio e produz uma variedade de elementos mais pesados através de reações de fusão adicionais.

A partir de estudos espectroscópicos, sabemos que essas estrelas contêm hidrogênio, hélio e uma série de elementos mais pesados, incluindo carbono, nitrogênio, oxigênio, neônio, magnésio, silício e ferro. Além disso, essas estrelas também contêm quantidades menores de outros elementos, incluindo sódio, alumínio, cálcio e níquel.

Em termos de estrutura física, essas estrelas possuem núcleos densos e quentes onde ocorrem as reações de fusão nuclear que geram a energia que elas irradiam. Esses núcleos são cercados por camadas de gás ionizado que formam a atmosfera das estrelas. A temperatura e a pressão nessas camadas diminuem à medida que nos afastamos do núcleo, o que leva à formação de diferentes zonas com diferentes propriedades físicas e químicas.

Além disso, essas estrelas também possuem campos magnéticos poderosos que podem afetar suas atmosferas e produzir fenômenos como ventos estelares, explosões solares e outras atividades magnéticas. Em resumo, as estrelas Alnitak, Alnilam e Mintaka são objetos celestes complexos e fascinantes, que continuam a desafiar nossa compreensão científica em muitos aspectos.

Estrelas tão massivas como essas têm uma vida muito mais curta do que as estrelas menores, como o Sol. Eles consomem seu combustível nuclear a uma taxa muito mais rápida, o que significa que eles têm uma vida muito mais curta.

Estima-se que as estrelas Alnitak, Alnilam e Mintaka tenham idades entre 5 e 10 milhões de anos. Isso pode parecer muito, mas em comparação com a idade do universo, que é estimada em cerca de 13,8 bilhões de anos, elas são relativamente jovens. Estima-se que essas estrelas tenham algumas centenas de milhares a alguns milhões de anos antes de esgotarem seu combustível nuclear e entrarem em colapso para se tornarem estrelas de nêutrons ou buracos negros.

Constelação de Orion, imagem representa a origem, simbologia e mitologia.

Essas três estrelas não orbitam umas às outras, mas estão em órbita ao redor do centro da Via Láctea junto com o nosso Sol e bilhões de outras estrelas. A órbita dessas estrelas ao redor do centro da Via Láctea é influenciada principalmente pela gravidade da galáxia e pela distribuição da matéria em sua região.

A velocidade orbital das estrelas no Cinturão de Órion pode ser medida a partir de sua velocidade radial, que é a velocidade em que elas se afastam ou se aproximam de nós ao longo da linha de visão. A partir dessas medidas, estimamos que as estrelas Alnitak, Alnilam e Mintaka estão se movendo a uma velocidade de cerca de 20 a 30 quilômetros por segundo ao redor do centro da Via Láctea, isso significa que eles levam cerca de 200 milhões de anos para completar uma órbita ao redor da galáxia.

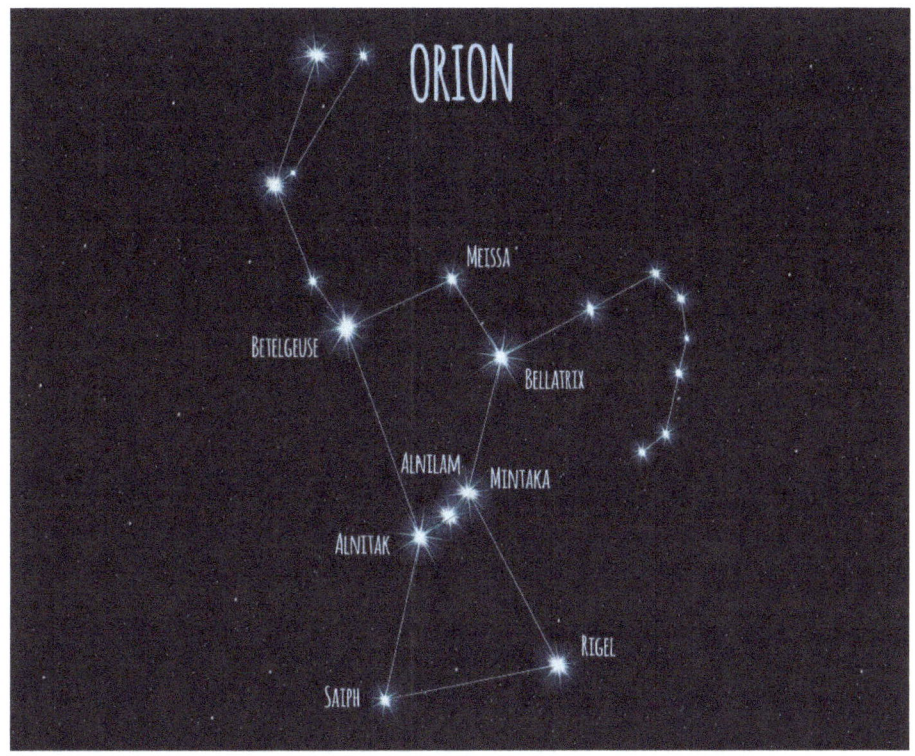

ALDEBARÃ

A ldebarã é uma estrela gigante vermelha na constelação de Touro. É a estrela mais brilhante da constelação e a 13ª estrela mais brilhante no céu noturno, facilmente reconhecível por sua cor avermelhada e sua posição proeminente perto do aglomerado de estrelas das Plêiades.

A estrela tem uma magnitude aparente de 0,85 e uma magnitude absoluta de -0,63, o que significa que é cerca de 425 vezes mais brilhante do que o Sol. Está localizada a cerca de 65 anos-luz da Terra e tem uma massa estimada de cerca de 1,7 massas solares.

Aldebarã tem sido importante para várias culturas ao longo da história, incluindo os antigos persas, que acreditavam que a estrela era a pupila do olho celestial. Os árabes a chamavam de "a seguidora", porque ela parecia seguir as Plêiades pelo céu noturno.

A estrela orbita em torno do centro da Via Láctea, assim como o Sol e outras estrelas próximas. No entanto, como é comum em astronomia, a órbita de Aldebaran é mais facilmente descrita em termos de sua relação com o sistema solar, já que é isso que observamos da Terra.

Aldebarã não faz parte do sistema solar, mas está localizada a cerca de 65 anos-luz de distância da Terra. Ela se move através do espaço com uma velocidade média de cerca de 50 km/s em relação ao Sol. Sua órbita ao redor da Via Láctea é muito mais ampla e mais lenta, levando cerca de 625 milhões de anos para completar uma única volta em torno do centro galáctico. Conhecida por ter uma companheira binária próxima, embora esta seja muito mais fraca e difícil de observar. A estrela companheira orbita Aldebaran com um período de cerca de 600 anos e está localizada a uma distância média de cerca de 1,5 bilhões de quilômetros da estrela principal.

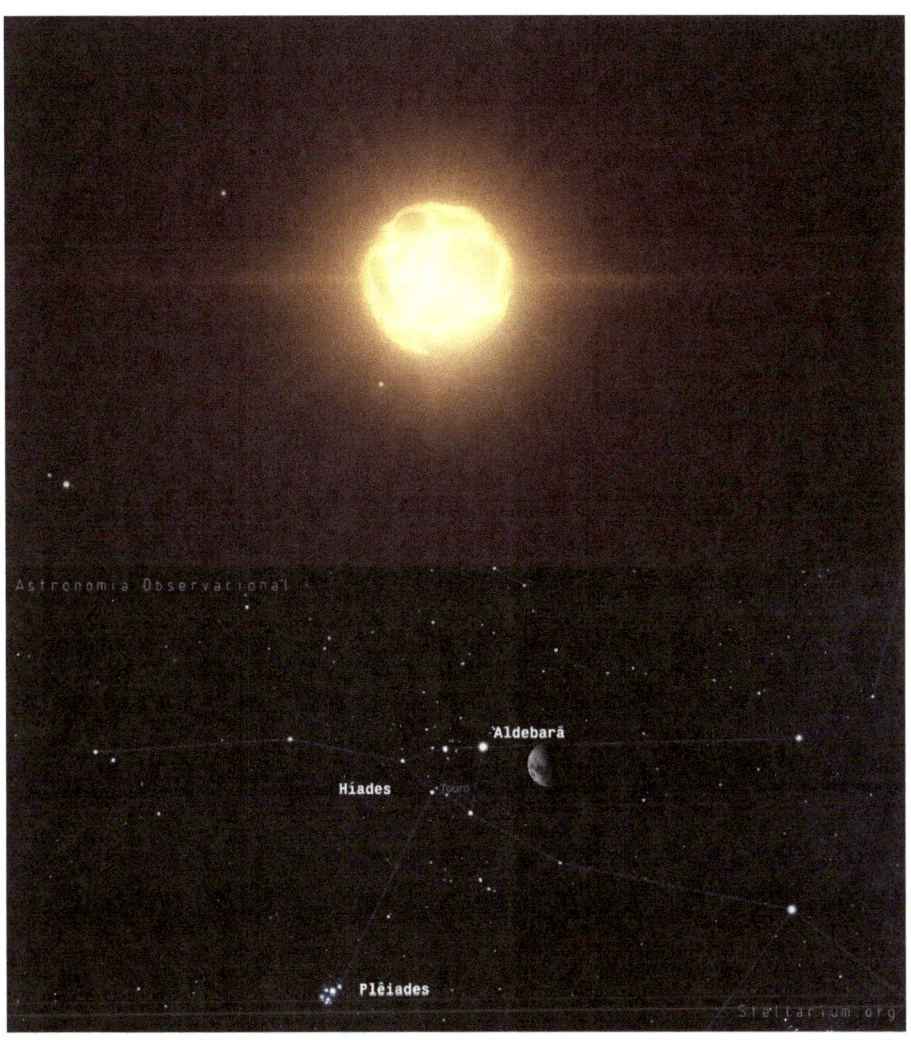

Sua temperatura efetiva é de cerca de 3.900 graus Celsius, o que é muito mais frio do que a temperatura do Sol, sendo de cerca de 5.500 graus Celsius. Como resultado, Aldebaran emite a maior parte de sua luz na faixa do infravermelho.

Quimicamente, é composta principalmente de hidrogênio e hélio, como a maioria das estrelas. No entanto, ela também contém quantidades significativas de outros elementos, como carbono, oxigênio e nitrogênio, esses elementos são criados dentro da estrela através de reações nucleares que ocorrem em seu núcleo e em camadas externas.

À medida que Aldebarã envelhece, ela passa por uma série de transformações em sua estrutura interna, esgotando o hidrogênio em seu núcleo e começando a queimar hélio, se expandindo e se tornando mais fria em um processo conhecido como gigante vermelha. À medida que o hélio é esgotado, a estrela continuará a evoluir e se expandir ainda mais, eventualmente expelindo suas camadas exteriores e formando uma nebulosa planetária.

Algumas curiosidades sobre este corpo celeste é que na cultura popular ocidental moderna, Aldebarã é frequentemente citada em músicas, filmes e livros como uma referência poética ao céu noturno e à natureza cósmica do universo. Na série de ficção científica "Star Trek", Aldebarã é mencionada várias vezes como um local importante na galáxia. Por exemplo, a tripulação da USS Enterprise visita o planeta Aldebarã III em um episódio da série original e por fim, na mitologia persa era considerada a "pupila do olho celestial" e uma das quatro estrelas reais associadas aos quatro elementos da natureza. Aldebarã representava o elemento fogo.

GAMMA CRUCIS

A estrela Gamma Crucis, também conhecida como Gacrux, é uma das estrelas mais brilhantes na constelação do Cruzeiro do Sul, localizada no hemisfério sul celeste. É uma das quatro estrelas que formam o famoso asterismo do Cruzeiro do Sul, que é um dos símbolos mais icônicos do céu noturno austral.

Gacrux é uma estrela gigante vermelha de classe M, com uma temperatura de superfície de cerca de 3.500 Kelvin. É uma estrela variável do tipo LC, o que significa que sua luminosidade varia levemente ao longo do tempo. Sua magnitude aparente varia entre 1,59 e 1,66, o que a torna facilmente visível a olho nu mesmo em áreas urbanas com céu poluído.

Com uma massa estimada em cerca de 1,5 vezes a massa do Sol e um diâmetro aproximado de 120 vezes o diâmetro do Sol, Gacrux é uma estrela muito grande. Sua luminosidade é cerca de 1.500 vezes a luminosidade do Sol, o que a torna uma das estrelas mais brilhantes conhecidas no Universo.

Gacrux é relativamente jovem, com uma idade estimada em cerca de 25 milhões de anos. Embora seja relativamente próxima da Terra em termos astronômicos, a uma distância de cerca de 88 anos-luz, não se sabe muito sobre seus sistemas planetários ou exoplanetas. No entanto, a descoberta de planetas em torno de outras estrelas de classe M sugere que Gacrux pode ter pelo menos um sistema planetário em sua órbita.

Gacrux é uma estrela importante para os povos indígenas da Austrália, que a conhecem como "Gnokan Danna" ou "Guardiã da Porta do Céu". É uma das estrelas mais sagradas do céu noturno australiano e desempenha um papel importante em muitas histórias e mitos aborígenes.

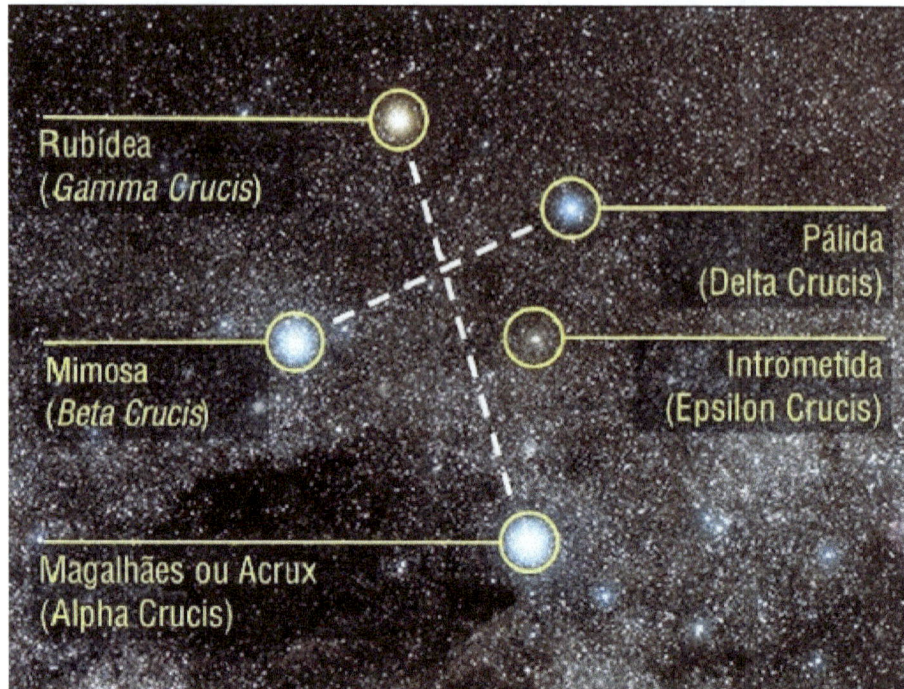

Em termos de estrutura interna, a Gacrux tem um núcleo que é cercado por uma camada de hidrogênio ionizado, seguida por uma camada de hélio ionizado e, finalmente, uma camada de hidrogênio neutro. A camada externa da estrela é composta principalmente de gás e poeira, que são ejetados a partir da sua superfície durante a evolução estelar.

A Gacrux é uma estrela de baixa massa, o que significa que sua estrutura interna é diferente daquela de estrelas mais massivas. A energia é gerada principalmente pela fusão do hidrogênio em hélio no núcleo da estrela, e a convecção é responsável por transportar essa energia para a superfície. A convecção é um processo em que o gás quente sobe à superfície da estrela, enquanto o gás mais frio cai em direção ao núcleo.

Em resumo, a Gacrux é uma estrela de classe M com uma composição química simples, principalmente composta de hidrogênio e hélio. Sua estrutura interna é diferente daquela de estrelas mais massivas, com a energia gerada principalmente pela fusão do hidrogênio em hélio no núcleo e transportada para a superfície pela convecção.

Gacrux orbita em torno do centro da Via Láctea, a galáxia em espiral em que se encontra o nosso sistema solar. Sua órbita é determinada pela gravidade exercida pelos outros objetos na galáxia, incluindo estrelas, nuvens de gás e poeira, e matéria escura.

De acordo com as observações astronômicas, Gacrux tem uma velocidade radial em relação ao Sol de cerca de -19,7 km/s, o que significa que está se afastando de nós a essa velocidade. Sua velocidade espacial é estimada em cerca de 22 km/s, o que indica que está se movendo em uma órbita excêntrica em torno do centro da Via Láctea.

A posição da Gacrux no céu muda gradualmente ao longo do tempo, devido ao seu movimento em torno do centro da galáxia. A trajetória completa da estrela em torno do centro da Via Láctea, leva cerca de 250 milhões de anos para ser concluída, o que é conhecido como seu período orbital.

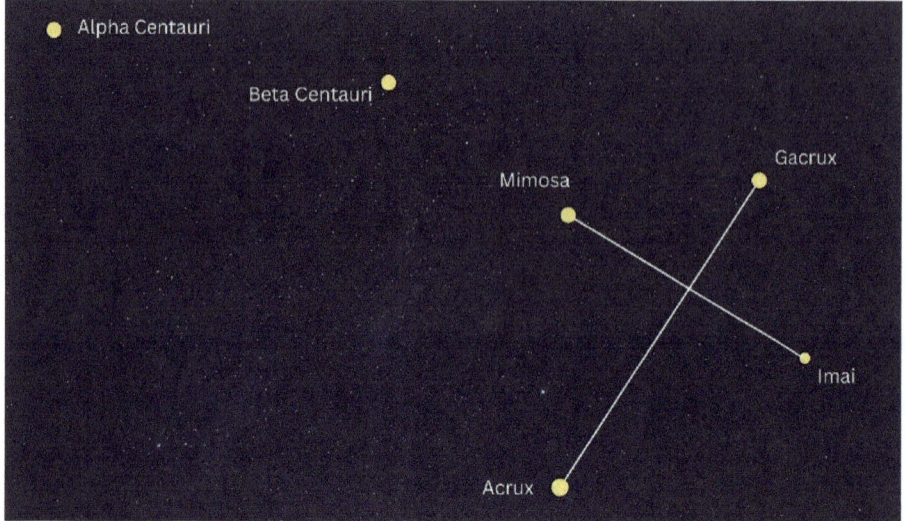

Devido à sua proximidade relativa, Gacrux é frequentemente usada como referência para medir distâncias de outras estrelas e objetos celestes na galáxia.

Fato curioso são os estudos desta estrela e de outras próximas, importantes para entender a formação, evolução e composição das estrelas em nossa galáxia.

ETA CARINAE

E ta Carinae é uma estrela localizada na constelação de Carina ou (Quilha), a cerca de 7.500 anos-luz da Terra. É uma das estrelas mais brilhantes do céu noturno e tem sido objeto de estudo intenso pelos astrônomos ao longo dos anos.

A estrela Eta Carinae é classificada como uma estrela variável azul luminosa e foi descoberta em 1677 pelo astrônomo Edmond Halley. Desde então, sua luminosidade tem variado, e em 1843 ela experimentou uma das maiores explosões estelares já registradas, tornando-se temporariamente a segunda estrela mais brilhante do céu noturno.

A explosão estelar de 1843 liberou uma quantidade enorme de energia e criou duas enormes nuvens de gás, chamadas de Homúnculo e Neblina de Weigelt, que se expandiram a velocidades de até 1.500 km/s. A Homúnculo é uma nebulosa bipolar em formato de ampulheta que envolve a estrela, enquanto a Neblina de Weigelt é uma série de anéis concêntricos ao seu redor.

Desde a explosão, Eta Carinae tem diminuído em brilho e tamanho, mas ainda é uma estrela massiva e instável. Estima-se que tenha uma massa de cerca de 100 vezes a do Sol e uma luminosidade de mais de cinco milhões de vezes a do Sol. Sua temperatura superficial é de cerca de 25.000 graus Celsius.

Acredita-se, que Eta Carinae está se aproximando do fim de sua vida útil e que em breve poderá explodir em uma supernova. Embora a estrela esteja a uma distância segura da Terra, uma explosão dessa magnitude seria capaz de afetar a atmosfera terrestre e causar danos significativos aos sistemas de comunicação.

Eta Carinae continua a ser uma fonte importante de estudo com técnicas de observação avançadas, como telescópios espaciais e interferometria, para estudar sua estrutura e comportamento. Precisamos de mais dados para podermos compreender esta estrela, que continua a desafiar a compreensão dos cientistas sobre a natureza do universo.

Créditos da imagem: NASA

A composição química deste astro é complexa e ainda não é completamente compreendida pelos cientistas. No entanto, estudos espectroscópicos sugerem que Eta Carinae é uma estrela rica em elementos pesados, como carbono, nitrogênio, oxigênio e ferro, indicando que ela já passou por várias etapas de fusão nuclear em seu núcleo.

Além disso, a estrela é conhecida por ter uma alta proporção de hélio em sua atmosfera, o que sugere que ela é uma estrela jovem que ainda não teve tempo para converter todo o hélio em elementos mais pesados por meio de processos de fusão nuclear. Essa alta proporção de hélio também pode ser um sinal de que Eta Carinae é uma estrela que se formou a partir de um gás primordial com baixo teor de metais.

Outros elementos detectados na atmosfera de Eta Carinae incluem silício, magnésio, enxofre e argônio. No entanto, a abundância relativa desses elementos ainda não é completamente conhecida.

Imagem créditos: NASA

Eta Carinae não tem uma órbita no sentido tradicional da palavra, pois é uma estrela individual e não está em um sistema binário ou múltiplo. No entanto, a estrela é conhecida por apresentar variações em sua luminosidade e outras propriedades, que podem ser explicadas por ciclos de atividade estelar, incluindo oscilações em sua estrutura interna e erupções periódicas.

Além disso, a estrela está localizada na borda interna de uma grande região de formação estelar chamada de Nebulosa da Carina, que contém várias estrelas jovens e massivas. A interação gravitacional entre essas estrelas pode ter um papel importante na evolução de Eta Carinae e em sua atividade estelar.

Embora não tenha uma órbita definida, a posição de Eta Carinae no céu é conhecida com precisão e é frequentemente usada como um ponto de referência para a navegação astronômica. A estrela está localizada na constelação de Carina e pode ser vista a olho nu em boas condições de observação.

Porém, estudos mais recentes afirmam que, tratar-se de um sistema binário de estrelas muito próximas uma da outra. A estrela de menor diâmetro é a mais quente (30 000 °C) e a outra com o triplo do diâmetro é mais fria (15 000 °C), mas duas vezes mais brilhante. Este sistema estelar está envolto numa densa nuvem de gases e poeiras, que forma uma nebulosa 400 vezes mais extensa do que o Sistema Solar, conhecida como a Nebulosa de Eta Carinae (ou NGC3372). A perda de luminosidade deve-se, possivelmente, a uma consequência da aproximação máxima entre as duas estrelas, o periastro, altura em que a estrela menor encobre quase metade da maior. A diminuição de brilho é equivalente a 20 vezes o do Sol, mas brilhando como 4 a 5 milhões de sóis. O período de rotação das estrelas (uma em relação à outra) é de 5,5 anos.

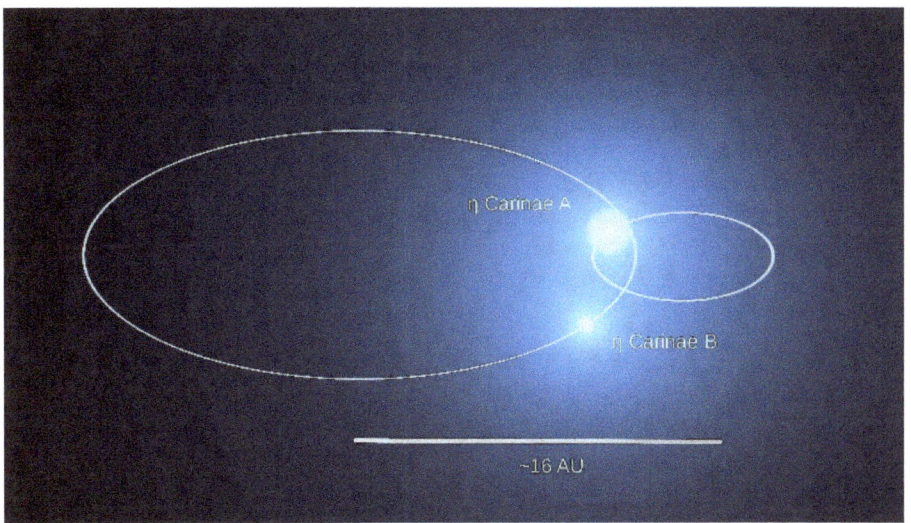

O astrônomo brasileiro Augusto Damineli, professor do IAG-USP, é um dos que afirmam que a estrela é uma variável pois a cada cinco anos e meio, segundo ele, acontece uma redução no seu brilho, já outros astrônomos não aceitavam essa teoria, no entanto em 1997, ocorreu uma nova redução do brilho, o fenômeno foi confirmado. Em 2003, graças aos registros de mais de 50 especialistas apoiados nas observações através de telescópios terrestres e em órbita, finalmente confirmou-se tratar-se mesmo de mais uma estrela variável do tipo SDOR - Estrelas de alta luminosidade binária, com variações entre 1 a 7 magnitudes, associadas e envoltas em material em expansão próprio das nebulosas.

Estrelas muito grandes como Eta Carinae esgotam seu combustível muito rapidamente devido à sua desproporcional alta luminosidade. Espera-se que Eta Carinae possa explodir como uma supernova ou hipernova dentro de algum tempo nos próximos milhões de anos.

E por fim, estudos sugerem que a Eta Carinae gira muito lentamente, com um período de rotação estimado em cerca de 5,5 anos. No entanto, essa estimativa é baseada em medições indiretas e pode estar sujeita a incertezas significativas. Além disso, por ser uma estrela variável e instável, torna-se difícil calcular sua rotação com precisão.

BETELGEUSE – APHA ORIONIS

É uma das estrelas mais famosas e facilmente reconhecíveis no céu noturno. Localizada na constelação de Orion, é a segunda estrela mais brilhante dessa constelação, perdendo apenas para Rigel. No entanto, é uma das estrelas mais brilhantes do céu noturno e é cerca de 100 mil vezes mais luminosa do que o Sol.

Uma das características mais notáveis da Betelgeuse é o seu tamanho. Estima-se que ela tenha um diâmetro cerca de 1000 vezes maior que o do Sol, tornando-a uma das maiores estrelas conhecidas. Se colocada no centro do nosso sistema solar, sua atmosfera se estenderia além da órbita de Júpiter.

Outra característica que a torna interessante, é que ela é uma estrela variável, o que significa que a sua luminosidade muda ao longo do tempo, devido à sua grandeza, essas mudanças podem ser facilmente detectadas a olho nu. Em média, a estrela leva cerca de 420 dias para completar um ciclo completo de brilho. A variação de brilho é causada pela pulsação da estrela, que causa mudanças na sua temperatura e luminosidade.

Recentemente, chamou a atenção da mídia por causa de especulações sobre sua possível explosão em uma supernova. Betelgeuse está no final da sua vida, e é esperado que eventualmente ela exploda em uma supernova. No entanto, não há certeza sobre quando isso ocorrerá. Alguns estudos sugeriram que a estrela poderia explodir a qualquer momento, enquanto outros afirmam que ela ainda tem milhares de anos antes de explodir.

Independentemente de quando a estrela explodir, a sua morte será um evento significativo para a astronomia. A explosão será visível da Terra e pode ser vista até mesmo durante o dia, dependendo de como a luz se espalha pela atmosfera. Além disso, a supernova produzirá uma quantidade incrível de energia e matéria, o que poderá ser estudado pelos astrônomos por muitos anos.

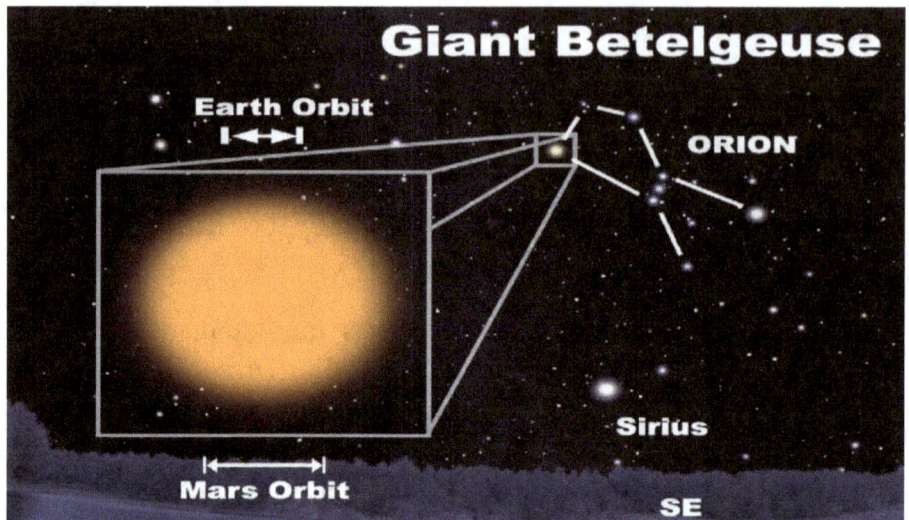

Betelgeuse é uma estrela muito grande, luminosa e fria classificada como uma supergigante vermelha de tipo espectral M1-2 Ia-ab. A letra "M" indica que ela é uma estrela vermelha pertencendo à classe espectral M, tendo portanto uma temperatura superficial baixa; o sufixo "Ia-ab" é a classe de luminosidade da estrela e indica que ela é intermediária entre uma supergigante de luminosidade normal e uma supergigante de alta luminosidade. A principal característica do espectral visual de estrelas desse tipo é a presença de bandas de absorção de óxido de titânio(II) (TiO) na região verde do espectro, que indicam baixa temperatura superficial. A baixa intensidade da linha de cálcio neutro a 4 227 Å é o principal indicador de alta luminosidade. Desde a introdução do sistema de classificação MKK em 1943, o espectro de Betelgeuse tem servido como padrão a partir do qual outras estrelas são classificadas.

Supergigantes vermelhas como Betelgeuse são estrelas massivas que já saíram da sequência principal e estão nas últimas etapas de sua evolução. Essas estrelas consomem seu combustível rapidamente e vivem por apenas alguns milhões de anos. Originalmente uma estrela de classe O da sequência principal, Betelgeuse já consumiu todo o hidrogênio em seu núcleo, resultando na contração do núcleo pela força da gravidade. Para balancear o núcleo mais quente e denso, as camadas externas expandiram e esfriaram. Embora seu estado evolutivo exato seja desconhecido, o mais provável é que Betelgeuse esteja atualmente fundindo hélio para gerar carbono e oxigênio no núcleo, com uma camada de fusão de hidrogênio ao redor do núcleo.

Representação artística da estrela e sua nebulosa

Os elementos mais abundantes na atmosfera da Betelgeuse são hidrogênio e hélio, que representam cerca de 85% e 13% da composição química, respectivamente. Os outros elementos presentes são principalmente carbono, oxigênio, nitrogênio, silício, enxofre, ferro e titânio, entre outros.

Acredita-se que a estrela tenha evoluído a partir de uma estrela muito massiva, que produziu muitos elementos mais pesados através de reações nucleares em seu núcleo. Esses elementos mais pesados foram posteriormente transportados para a superfície da estrela por meio de processos convectivos em sua atmosfera.

No que diz respeito à órbita, Betelgeuse não orbita nenhum objeto específico. Em vez disso, ela é uma estrela solitária que se move através da Via Láctea juntamente com outras estrelas. Ela se move em uma trajetória relativamente aleatória, afetada principalmente pelas interações gravitacionais com outras estrelas e objetos massivos na galáxia.

Em relação à rotação, Betelgeuse tem uma rotação relativamente lenta, com um período de rotação de cerca de 8,4 anos. Isso é surpreendentemente lento para uma estrela de sua massa e tamanho, que é estimado em cerca de 20 vezes a massa do Sol e cerca de 1.000 vezes o tamanho do Sol. Acredita-se que a rotação lenta da Betelgeuse possa ser devido a interações entre a rotação e as camadas externas da estrela, que são altamente convectivas.

ANTARES

Antares é uma estrela supergigante vermelha localizada na constelação de Escorpião. Com um diâmetro estimado em cerca de 700 vezes o do Sol, Antares é uma das maiores estrelas conhecidas. Sua distância da Terra é de aproximadamente 550 anos-luz, o que a torna uma das estrelas mais brilhantes no céu noturno.

O nome "Antares" vem do grego ant-Ares, que significa "o rival de Marte". Isso ocorre porque a estrela possui uma coloração avermelhada semelhante à do planeta vermelho.

Antares é uma estrela muito quente, com uma temperatura superficial de cerca de 3.500 graus Celsius, mas sua cor vermelha é resultado de seu grande tamanho e da emissão de luz em comprimentos de onda mais longos.

Além de sua aparência impressionante, Antares também é uma estrela bastante complexa. Conhecida por ter um sistema de estrelas binárias, o que significa que há outra estrela próxima a ela em órbita, a estrela companheira de Antares é muito menor e mais fria do que ela, e leva cerca de 900 anos para completar uma órbita ao redor da estrela principal.

É estrela evoluída, com uma idade estimada em cerca de 12 milhões de anos, ela já passou pela fase em que produz energia através da fusão nuclear de hidrogênio em hélio, e agora está na fase em que está convertendo hélio em carbono e oxigênio em seu núcleo. Essa evolução levará eventualmente à morte da estrela, mas como Antares é muito maior do que o Sol, sua morte será muito mais dramática.

No final de sua vida, Antares irá explodir em uma supernova, uma explosão extremamente poderosa que liberará uma quantidade enorme de energia e matéria no espaço. Isso pode criar um fenômeno conhecido como uma nebulosa planetária, que é uma nuvem de gás e poeira iluminada pela radiação da estrela moribunda. Apesar de não estar próximo o suficiente para representar uma ameaça direta à Terra, a explosão de Antares seria certamente um espetáculo impressionante para os observadores astronômicos.

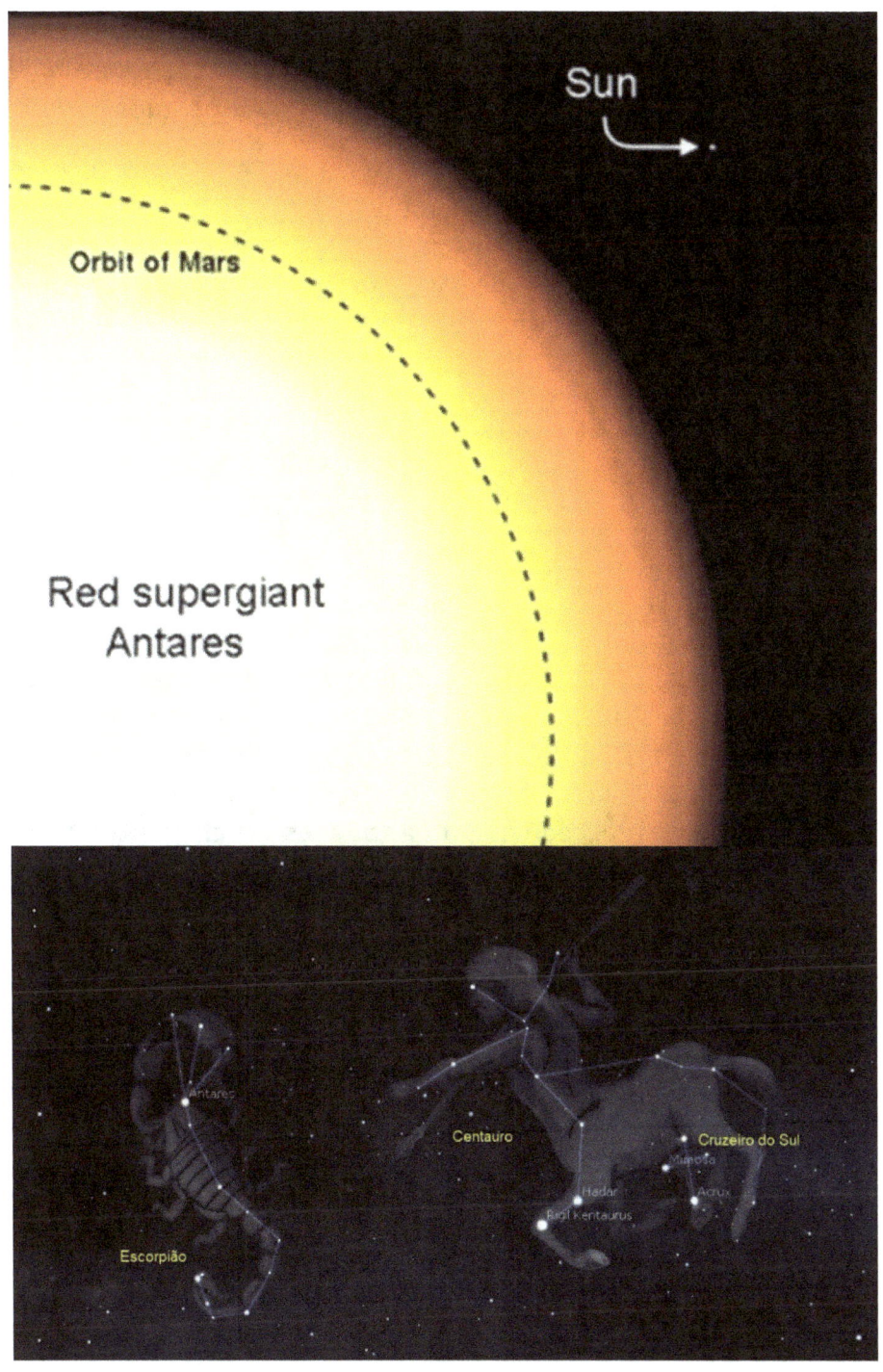

A composição química de Antares é bastante semelhante à de outras estrelas supergigantes, ela é composta principalmente de hidrogênio e hélio, com traços de elementos mais pesados.

A estrela produz energia através de fusão nuclear, que ocorre no núcleo da estrela, durante a fusão nuclear, os núcleos de átomos se fundem para formar novos núcleos, liberando uma grande quantidade de energia no processo. A fusão nuclear do hidrogênio em hélio é a principal fonte de energia das estrelas, incluindo Antares.

Além do hidrogênio e hélio, Antares contém traços de outros elementos químicos, como carbono, oxigênio, nitrogênio e ferro. Esses elementos são formados em reações nucleares que ocorrem dentro da estrela, à medida que ela evolui.

A quantidade de elementos mais pesados em Antares é relativamente pequena em comparação com a quantidade de hidrogênio e hélio. Isso ocorre porque as estrelas supergigantes como Antares são muito jovens em termos cósmicos e ainda não tiveram tempo suficiente para produzir grandes quantidades de elementos mais pesados por meio de reações nucleares.
No entanto, mesmo pequenas quantidades de elementos mais pesados em estrelas como Antares são importantes para a formação de planetas e da própria vida. A maioria dos elementos químicos encontrados na Terra, incluindo carbono, oxigênio e ferro, foram formados em estrelas que existiram antes do nosso Sol. Quando essas estrelas explodiram em supernovas, liberaram esses elementos no espaço, que posteriormente se aglomeraram para formar novas estrelas e planetas.

Raios gama		Raios-X	Ultra-violeta	Infravermelho		Ondas de Rádio		
						Radar TV FM		AM
0.0001 nm	0.01 nm		10 nm	1000 nm	0.01 cm	1 cm	1 m	100 m

Luz
Visível

Espectro visível da luz

400 nm		500 nm		600 nm		700 nm	

MU CEPHEI

A estrela Mu Cephei, também conhecida como estrela gigante vermelha ou simplesmente "Mu Cep", é uma das estrelas mais brilhantes conhecidas na Via Láctea. Localizada na constelação de Cepheus, a cerca de 2.300 anos-luz da Terra, é uma das estrelas mais massivas e luminosas conhecidas, com uma magnitude aparente de cerca de 4,08.

Mu Cephei é uma estrela de classe M, o que significa que é uma estrela gigante vermelha com uma temperatura superficial relativamente baixa e uma luminosidade muito alta. É também uma variável semirregular, o que significa que sua luminosidade varia com o tempo, embora de maneira imprevisível. Sua magnitude varia entre 3,4 e 5,1, com um período médio de cerca de 730 dias.

A estrela Mu Cephei tem uma massa estimada em cerca de 20 vezes a do Sol e um raio cerca de 1.500 vezes maior que o do Sol, tornando-a uma das maiores estrelas conhecidas. Sua temperatura superficial é relativamente baixa, em torno de 3.500 graus Celsius, o que a torna vermelha em cor. A estrela tem uma luminosidade cerca de 300.000 vezes maior que a do Sol, o que a torna uma das estrelas mais brilhantes conhecidas.

Mu Cephei é uma estrela muito jovem, com uma idade estimada de cerca de 10 milhões de anos, o que é muito jovem em comparação com o Sol, que tem uma idade de cerca de 4,6 bilhões de anos. A estrela tem uma grande quantidade de material circumstelar, o que indica que está passando por uma fase evolutiva ativa. Acredita-se que a estrela eventualmente evoluirá para uma estrela de nebulosa planetária, expelindo suas camadas externas em uma nuvem de gás e poeira.

Sua grande massa e luminosidade a tornam um exemplo importante para entender a evolução estelar em estrelas extremamente massivas. Além disso, a estrela é uma fonte importante de radiação infravermelha e é usada para estudar a formação de poeira em torno de estrelas gigantes vermelhas.

A composição química da estrela Mu Cephei é bem estudada pelos astrônomos e astrofísicos de todo o mundo, e é conhecida por ser muito diferente da composição química do Sol.

As análises espectroscópicas indicam que a estrela tem uma abundância muito baixa de elementos mais pesados que o hélio, conhecidos como "metais" na astronomia. A razão de ferro para hidrogênio, por exemplo, é apenas cerca de 0,06% da razão solar. Isso sugere que a estrela Mu Cephei é uma estrela de segunda população, que se formou a partir de gás muito antigo e pobre em metais.

Este astro apresenta um excesso de carbono em relação ao oxigênio, o que sugere que a estrela passou por uma mistura convectiva profunda em algum momento de sua evolução. Esse processo pode ter ocorrido quando a estrela fundiu hélio em carbono e oxigênio em seu núcleo, e depois transportou esses elementos para as camadas superficiais da estrela.

Outros elementos químicos detectados na estrela incluem

hidrogênio, hélio, lítio, carbono, oxigênio, nitrogênio, sódio, magnésio, alumínio, silício, enxofre, cálcio, titânio e ferro. A composição química da estrela Mu Cephei é importante para entender a evolução estelar em estrelas de segunda população e para comparar com a composição química de outras estrelas na Via Láctea.

A órbita da estrela Mu Cephei não é bem conhecida, pois é uma estrela solitária e não tem um companheiro estelar conhecido. No entanto, estudos podem estimar a velocidade radial da estrela, que é a velocidade com que a se afasta ou se aproxima da Terra, com base no deslocamento Doppler das linhas espectrais em seu espectro. Isso pode fornecer informações sobre a velocidade orbital média da estrela em relação ao centro da Via Láctea.

A velocidade radial da estrela Mu Cephei é relativamente baixa, cerca de 14,5 km/s em relação ao Sol. Isso sugere que a estrela está orbitando o centro da Via Láctea em uma órbita relativamente circular, já que estrelas com órbitas mais elípticas geralmente apresentam velocidades radiais mais variáveis.

Quanto à rotação da estrela Mu Cephei, os astrônomos acreditam que a estrela provavelmente tem uma rotação muito lenta, pois estrelas gigantes vermelhas geralmente têm rotações muito lentas devido à expansão de suas camadas externas. A rotação da estrela pode ser estimada a partir da largura das linhas espectrais em seu espectro, que são mais largas em estrelas que giram mais rapidamente. No entanto, essas linhas espectrais em estrelas gigantes vermelhas geralmente são muito largas devido à baixa temperatura superficial da estrela, tornando difícil medir a rotação do astro com precisão.

VY CANIS MAJORIS

A estrela VY Canis Majoris é uma das estrelas mais fascinantes e enigmáticas que já foram descobertas. Localizada na constelação de Canis Major, a cerca de 1,2 KPC (Kiloparsecs) da Terra, essa estrela é uma das maiores e mais luminosas conhecidas pelo homem. Neste capitulo, vamos explorar as características, o histórico de descoberta e os mistérios que envolvem a VY Canis Majoris.

Descoberta e características da VY Canis Majoris;

A VY Canis Majoris foi descoberta em 1801 por Jérôme Lalande, um astrônomo francês, enquanto estava realizando um levantamento de estrelas. Na época, Lalande catalogou a estrela como a 22ª mais brilhante da constelação de Canis Major.

Hoje, sabemos que a VY Canis Majoris é uma estrela variável vermelha e supergigante, que está entrando em uma fase avançada de sua evolução estelar. Ela é classificada como uma estrela de tipo espectral M e tem uma massa estimada em cerca de 20 vezes a do Sol.

O diâmetro da VY Canis Majoris é enorme - cerca de 2.000 vezes maior do que o do Sol. Se ela estivesse no centro do nosso sistema solar, seu raio se estenderia até a órbita de Júpiter. Seu volume é igual a cerca de 5 bilhões de vezes o volume do Sol. Para se ter uma ideia da magnitude dessa estrela, se a VY Canis Majoris fosse colocada em nosso sistema solar, a distância entre ela e a Terra seria apenas metade da distância entre o Sol e Plutão.

A VY Canis Majoris é também uma das estrelas mais luminosas do universo conhecido, emitindo uma energia luminosa de cerca de 500.000 vezes a do Sol. No entanto, essa enorme luminosidade é emitida principalmente no infravermelho, o que significa que a estrela é menos brilhante no espectro visível.

Mistérios e curiosidades sobre a VY Canis Majoris

A VY Canis Majoris é uma estrela tão grande e complexa que os cientistas ainda não entendem completamente como ela funciona. Uma das grandes perguntas é como uma estrela tão grande consegue se manter estável, já que a força gravitacional da estrela deveria ser tão forte que ela deveria entrar em colapso sobre si mesma. Além disso, a estrela está emitindo uma enorme quantidade de material, incluindo poeira e gás, o que levanta questões sobre como isso é possível em uma estrela tão massiva.

Outra curiosidade sobre a VY Canis Majoris é que ela é uma estrela variável, o que significa que sua luminosidade muda ao longo do tempo, em algumas ocasiões, a estrela se tornou mais brilhante do que qualquer outra estrela conhecida, enquanto em outras, ela se tornou quase invisível.

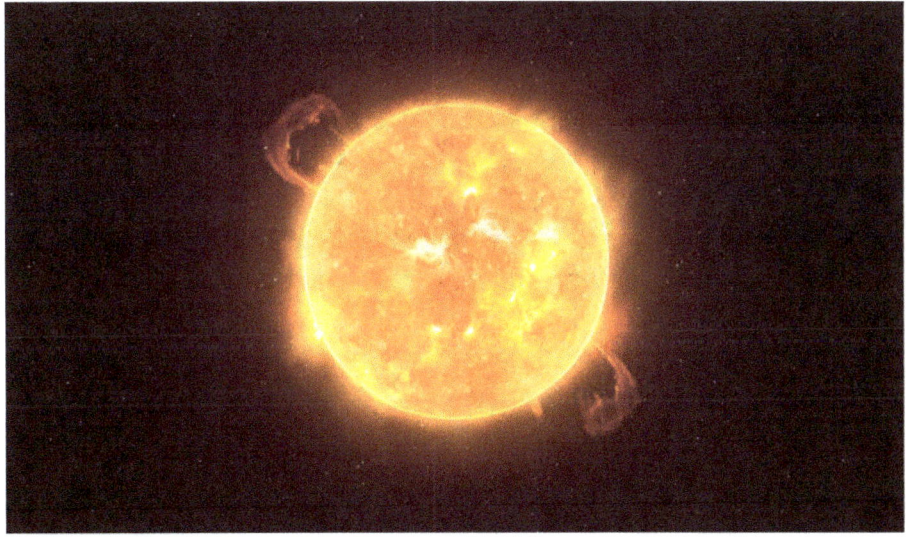

Outra curiosidade interessante sobre a VY Canis Majoris é que ela emite uma grande quantidade de material, incluindo poeira e gás, que se espalha pelo espaço ao seu redor. Os astrônomos acreditam que esse material é o resultado de uma intensa atividade estelar na superfície da estrela, e que está passando por uma fase de intensa perda de massa.

A órbita da VY Canis Majoris é um tanto difícil de definir, já que a estrela é solitária e não tem um companheiro estelar próximo. No entanto, os cientistas foram capazes de determinar que ela está se movendo em direção ao centro da Via Láctea, a nossa galáxia, a uma velocidade de cerca de 22 km/s. Além disso, é considerada uma estrela de alta velocidade, o que significa que ela está se movendo em relação ao nosso Sistema Solar a uma velocidade muito maior do que a média das estrelas na galáxia.

Quanto à rotação da VY Canis Majoris, é importante notar que as estrelas supergigantes vermelhas têm uma rotação muito lenta em relação às estrelas menores e mais jovens. Isso ocorre porque essas estrelas têm uma atmosfera muito expandida, o que significa que a superfície da estrela é muito distante do núcleo, onde a rotação ocorre. Além disso, a rotação de uma estrela tão grande seria muito difícil de medir com precisão usando técnicas atuais de observação.

No entanto, alguns estudos indicaram que pode estar girando lentamente em torno de seu eixo. Um estudo de 2015, por exemplo, sugeriu que a estrela pode estar girando com uma velocidade de apenas 1 km/s, o que é extremamente lento em comparação com a velocidade de rotação do Sol, que é de cerca de 2 km/s.

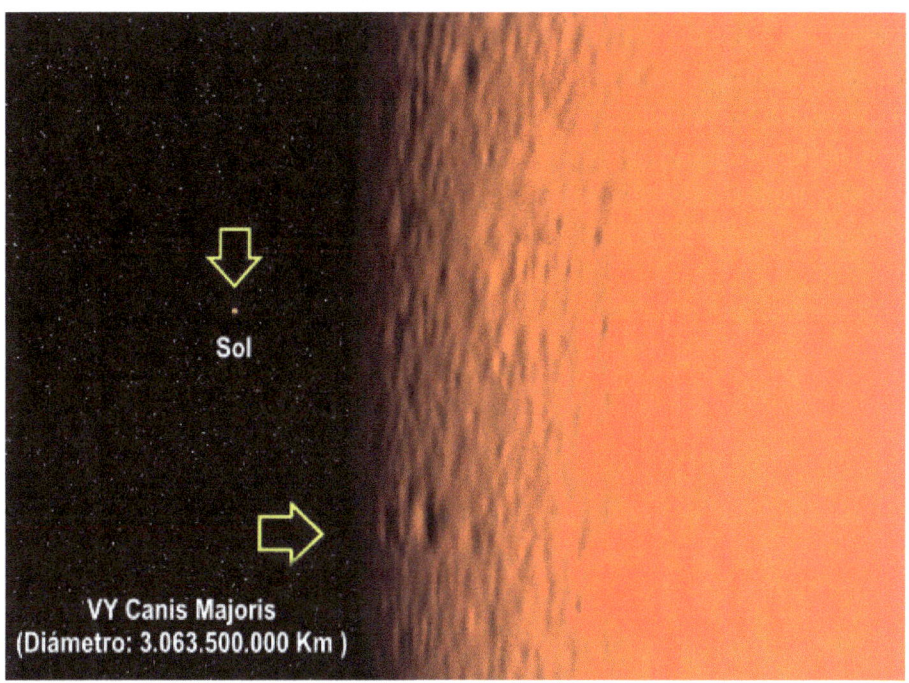

A composição química da VY Canis Majoris é semelhante à de outras estrelas supergigantes vermelhas, com uma mistura de elementos leves, como hidrogênio e hélio, e elementos mais pesados, como carbono, oxigênio e ferro. No entanto, devido ao seu tamanho, a estrela também contém elementos que são relativamente raros em outras estrelas, como o tecnécio e o lítio.

Além disso, a VY Canis Majoris é conhecida por ser uma estrela variável, o que significa que sua luminosidade e temperatura superficial flutuam ao longo do tempo. Isso pode afetar a composição química da estrela, uma vez que as reações nucleares que ocorrem em seu núcleo podem ser diferentes em diferentes momentos. De fato, alguns estudos sugerem que a VY Canis Majoris pode estar passando por um processo de fusão de elementos mais pesados em seu núcleo, o que pode levar a uma produção significativa de elementos ainda mais pesados.

Quanto à física da VY Canis Majoris, ela é uma estrela muito grande, com um raio estimado em torno de 1.800

vezes o raio do Sol, devido a essa grandeza, a estrela tem uma gravidade superficial muito baixa, o que permite que sua atmosfera se expanda muito além do núcleo da estrela. Essa atmosfera expandida é responsável por muitas das características observadas da estrela, como sua baixa temperatura superficial e seu alto nível de luminosidade.

R W CEPHEI

A estrela RW Cephei, também conhecida como V712 Cephei, é uma estrela variável localizada na constelação de Cepheus. É uma das estrelas mais luminosas conhecidas na Via Láctea, com uma magnitude aparente variando entre 5,7 e 11,5. A estrela é classificada como uma supergigante vermelha e pertence à classe espectral M3-M5.

A primeira menção à RW Cephei foi feita em 1895 pelo astrônomo norte-americano Edward Pickering, que a incluiu em uma lista de estrelas variáveis. Desde então, a estrela tem sido amplamente estudada e monitorada por astrofísicos e astrônomos em todo o mundo.

A principal característica que torna RW Cephei tão interessante é a sua variabilidade. A sua magnitude aparente varia de forma irregular ao longo de períodos que podem durar de alguns dias a algumas décadas. Os ciclos de variação de curto prazo (com duração de alguns dias a algumas semanas) são causados por pulsos de expansão e contração da estrela, enquanto os ciclos de longo prazo (com duração de décadas) podem ser causados por mudanças na estrutura interna da estrela ou pela influência de uma estrela companheira.

Além da variabilidade, outras características interessantes da RW Cephei incluem a sua massa, raio e temperatura. Estimativas recentes sugerem que a massa da estrela é de cerca de 25 vezes a massa do Sol, enquanto o seu raio é cerca de 1.200 vezes maior que o raio do Sol. Isso significa que, se a estrela fosse colocada no lugar do Sol, ela se estenderia além da órbita de Júpiter, sua temperatura é relativamente baixa para uma estrela tão massiva, com uma temperatura efetiva de cerca de 3.500 K.

A estrela também é conhecida por ser uma fonte de emissão de rádio. As emissões de rádio são causadas por elétrons acelerados em campos magnéticos na atmosfera da estrela. Estudos recentes sugerem que a RW Cephei pode estar gerando uma fonte de emissão de raios-X, possivelmente devido à interação com uma estrela companheira.

Em termos de evolução estelar, a RW Cephei está se aproximando do fim da sua vida. Supergigantes vermelhas são conhecidas por sofrerem explosões termonucleares, que podem resultar na expulsão da sua atmosfera externa e na formação de nebulosas planetárias. No entanto, a RW Cephei ainda não apresentou sinais iminentes de uma explosão termonuclear.

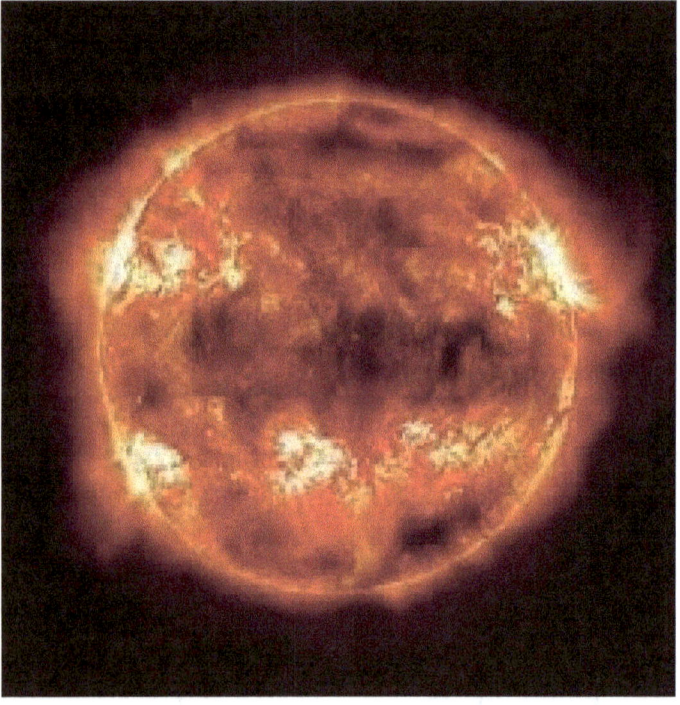

A RW Cephei está localizada a uma distância de aproximadamente 4 KPC (Kiloparcescs) da Terra. Essa distância é muito grande e dificulta a observação direta da estrela, mas os astrônomos conseguem estudá-la com o auxílio de telescópios e instrumentos sensíveis, como os telescópios espaciais. Esta distância em relação à Terra é uma das razões pelas quais ainda há muito a ser descoberto sobre essa estrela e outras supergigantes vermelhas. A astronomia continua a desenvolver novas tecnologias e técnicas para superar os desafios da distância e obter mais informações sobre essas estrelas fascinantes e complexas.

Em termos de composição química, a RW Cephei é uma estrela extremamente rica em elementos pesados, como carbono, oxigênio e metais. Esses elementos são produzidos no interior da estrela através de reações nucleares que ocorrem em altas temperaturas e pressões.

Também é conhecida por apresentar uma grande quantidade de poeira em sua atmosfera, essa poeira é formada por grãos microscópicos de material sólido, como silicatos e grafite, que se formam nas camadas mais externas da estrela. A presença de poeira pode afetar a forma como a estrela emite luz e pode levar a variações na sua luminosidade ao longo do tempo.

Além disso, a RW Cephei é uma estrela conhecida por apresentar fortes ventos estelares, esses ventos são formados por partículas carregadas que são lançadas a altas velocidades da superfície da estrela. Os ventos estelares são responsáveis por transportar material da estrela para o meio interestelar, contribuindo para a formação de novas estrelas e planetas.

Por ser uma estrela supergigante vermelha solitária, significa que ela não orbita nenhuma outra estrela. Ela está localizada na Via Láctea, e se move em uma trajetória em torno do centro galáctico juntamente com outras estrelas.

A velocidade orbital da RW Cephei é influenciada pela distribuição de massa na galáxia, incluindo a massa da matéria escura, que ainda é pouco compreendida pelos astrônomos.

Em relação à rotação, as supergigantes vermelhas são conhecidas por apresentar uma baixa taxa de rotação, isso ocorre porque essas estrelas têm uma atmosfera muito espessa e expandida, o que faz com que a rotação da estrela desacelere devido ao atrito entre as camadas externas da estrela e o meio interestelar. Além disso, a presença de campos magnéticos intensos pode afetar ainda mais a rotação da estrela.

A rotação dos astros é um parâmetro importante para entender como elas evoluem ao longo do tempo, e a baixa taxa de rotação da RW Cephei é um fator importante a ser considerado em estudos sobre sua evolução e comportamento. Observações precisas da velocidade radial da estrela podem ser usadas para estimar sua taxa de rotação, mas isso pode ser difícil devido às complexidades da atmosfera espessa da estrela e às limitações das técnicas de observação disponíveis atualmente.

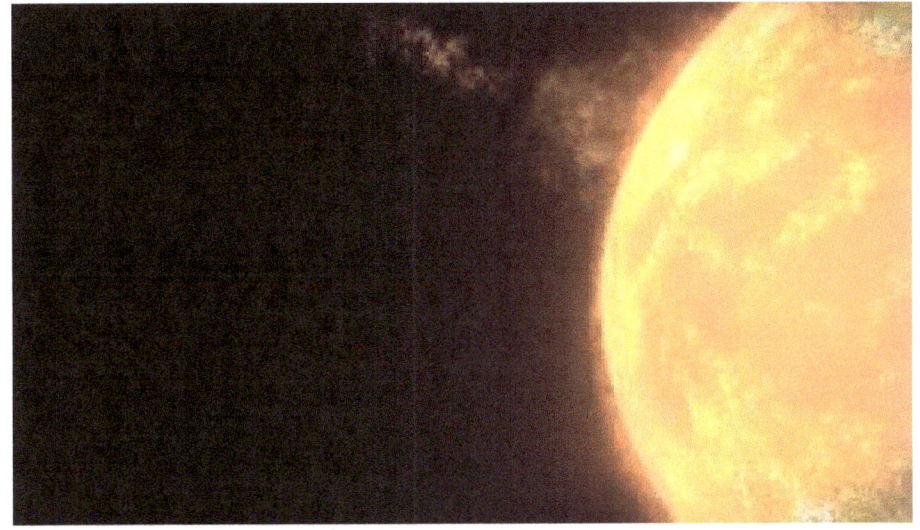

ESTRELA POLAR

A Estrela Polar, também conhecida como Estrela do Norte ou Polaris, é uma estrela visível a partir do hemisfério norte da Terra, que desempenha um papel fundamental na navegação astronômica e na orientação. Neste capitulo, vamos discutir em detalhes sobre a Estrela Polar, incluindo sua localização, história, características físicas e significado cultural.

A Estrela Polar é uma estrela de classe F7, localizada na constelação de Ursa Menor. Ela é visível a partir de qualquer ponto ao norte do equador e, como tal, é uma estrela de referência importante para os navegantes e os astrônomos. A posição da Estrela Polar é bastante estável, o que a torna uma ferramenta confiável para determinar a direção do norte. No entanto, a Estrela Polar não é a estrela mais brilhante no céu noturno, mas é relativamente fácil de identificar, uma vez que é a estrela que está mais próxima do ponto onde todas as linhas de longitude se encontram.

A história da Estrela Polar remonta a milhares de anos. Na Grécia antiga, a estrela era conhecida como "Phoenice", o que significa "fênix", e era vista como um símbolo de renovação e ressurreição. Na mitologia nórdica, a Estrela Polar era associada a uma deusa chamada Frigg, que era vista como a guardiã do céu e das estrelas. Na cultura chinesa, a Estrela Polar era conhecida como "Zhen", o que significa "verdadeiro norte", e era vista como um símbolo de orientação e estabilidade.

As características físicas da Estrela Polar também são bastante interessantes. Ela é uma estrela amarela-branca, com uma magnitude aparente de cerca de +2,0. Em termos de tamanho, ela é cerca de 6 vezes maior do que o Sol e tem uma temperatura superficial de cerca de 6.000 graus Celsius. A Estrela Polar também é uma estrela dupla, composta por duas estrelas menores que orbitam uma em torno da outra.

A Estrela Polar tem sido usada para a navegação astronômica há séculos. Ao longo da história, as pessoas usaram a estrela para determinar a direção do norte, ajudando na navegação terrestre e marítima. Com a invenção do astrolábio e do sextante, a Estrela Polar se tornou ainda mais útil para a navegação.

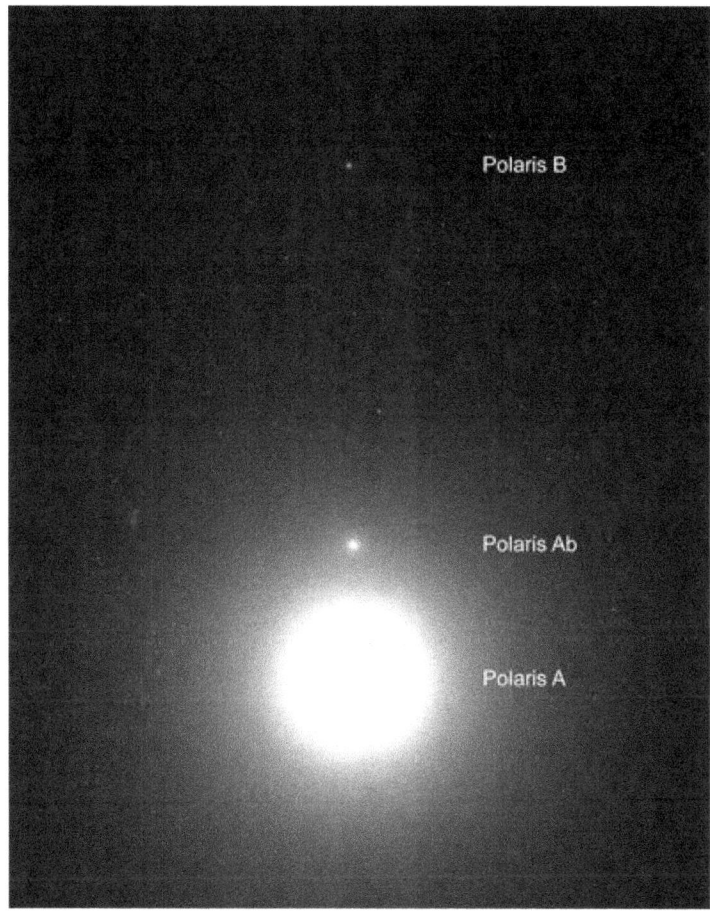

Estrelas como a Polar são formadas a partir de nuvens de gás e poeira interestelares que colapsam sob sua própria gravidade. Quando o núcleo dessa nuvem se torna suficientemente denso e quente, ele começa a fundir hidrogênio em hélio, dando início ao processo de fusão nuclear. Durante esse processo, a energia é liberada e uma série de reações nucleares ocorrem, criando elementos químicos mais pesados.

A composição química da Estrela Polar é determinada pela análise espectral da luz que ela emite. Essa técnica envolve a dispersão da luz da estrela em um espectro de cores, que pode ser usado para determinar quais elementos químicos estão presentes na estrela e em que quantidade. Os elementos químicos que compõem a Estrela Polar incluem hidrogênio, hélio, carbono, nitrogênio, oxigênio, neônio, magnésio, silício, enxofre, ferro, níquel e outros elementos mais pesados.

O hidrogênio é o elemento mais abundante na Estrela Polar, com cerca de 71% de sua massa total. O hélio é o segundo elemento mais abundante, com cerca de 27% de sua massa total, os outros elementos químicos são presentes em quantidades muito menores, com menos de 1% de sua massa total.

A composição química da Estrela Polar é importante porque nos ajuda a entender como as estrelas evoluem. À medida que uma estrela envelhece e esgota seu combustível nuclear, ela começa a fundir elementos mais pesados, criando novos elementos químicos no processo.

Esses elementos são então liberados no espaço quando a estrela explode como uma supernova, enriquecendo o meio interestelar com novos elementos químicos. A análise da composição química de estrelas como a Estrela Polar nos ajuda a entender melhor como os elementos químicos são criados e distribuídos pelo universo.

De acordo com as medidas mais recentes, a Estrela Polar está localizada a cerca de 434 anos-luz da Terra. Isso significa que a luz emitida pela estrela leva cerca de 434 anos para chegar até nós.

A determinação da distância da Estrela Polar foi realizada através de diversas técnicas astronômicas. Uma das técnicas mais utilizadas é a paralaxe estelar[6]. Usando essa técnica, os astrônomos foram capazes de medir a distância da Estrela Polar com uma precisão de cerca de 1%.

No que concerne sua órbita, a Estrela Polar é uma estrela solitária, ou seja, não tem companheiras próximas. Ela orbita o centro da Via Láctea, juntamente com o nosso Sol e bilhões de outras estrelas. Sua órbita leva cerca de 25,4 milhões de anos para ser concluída, e sua velocidade em relação ao centro da galáxia é de cerca de 19,5 km/s.

Já em relação à sua rotação, é uma estrela de rotação lenta, ela gira em torno de seu próprio eixo em cerca de 25,4 dias, o que é relativamente lento em comparação com outras estrelas similares. Essa rotação lenta pode ser explicada pela idade avançada da estrela, onde é estimada em cerca de 70 milhões de anos.

Vale ressaltar, que a Estrela Polar tem sua posição muito próxima do Polo Norte Celeste, que é o ponto imaginário no céu em torno do qual as estrelas parecem girar devido à rotação da Terra.

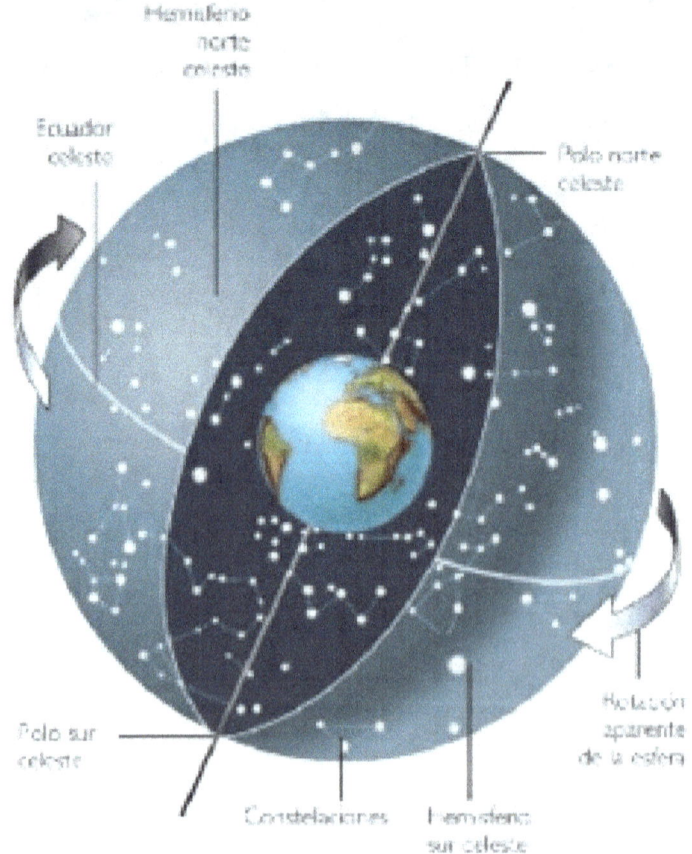

NML CYGNI - V1489 CYGNI

A estrela NML Cygni é uma das maiores e mais brilhantes estrelas conhecidas pelo ser humano. Situada na constelação de Cygnus, a cerca de 1,6 KLP (kiloparsecs) de distância da Terra, ela é uma estrela supergigante vermelha com um raio estimado em torno de 1.800 vezes o raio do Sol.

Descoberta em 1965 por uma equipe de astrônomos liderada por Neugebauer, Martz e Leighton, a NML Cygni recebeu seu nome a partir das iniciais dos sobrenomes dos descobridores. Desde então, a estrela tem sido objeto de estudo de muitos astrônomos devido ao seu tamanho e brilho excepcionais.

Uma das características mais notáveis da NML Cygni é a sua luminosidade. Ela emite uma quantidade enorme de energia, equivalente a aproximadamente 500.000 vezes a luminosidade do Sol. Isso a torna uma das estrelas mais brilhantes visíveis a olho nu. A sua temperatura também é bastante elevada, atingindo cerca de 3.300 graus Celsius na superfície.

Além disso, a NML Cygni é uma estrela variável, o que significa que a sua luminosidade e temperatura mudam ao longo do tempo. Ela passa por um ciclo de pulsos regulares, com um período de cerca de 940 dias, o que pode influenciar a sua evolução futura.

Os astrônomos acreditam que esta estrela está na fase final de sua vida, o que significa que ela está esgotando o combustível em seu núcleo. Isso faz com que perca massa, e estima-se que ela esteja perdendo cerca de um milionésimo de massa solar por ano. Essa perda de massa é tão grande que a estrela pode estar expelindo uma nuvem de gás ao seu redor, chamada de envelope circum-estelar.

A NML Cygni também pode ter implicações importantes para

a compreensão da formação de estrelas e da evolução estelar. Os astrônomos estão estudando a estrela para tentar entender como as estrelas supergigantes se formam e evoluem, e como as estrelas como a NML Cygni podem eventualmente explodir como supernovas.

A composição química da estrela não é totalmente conhecida, pois é difícil obter informações precisas sobre suas as camadas internas. No entanto, a partir de estudos espectroscópicos, os astrônomos têm algumas informações sobre os elementos presentes na atmosfera da estrela.

A NML Cygni é classificada como uma estrela supergigante vermelha, o que significa que ela é rica em hidrogênio e hélio, os elementos mais abundantes do universo. Além disso, foram detectados outros elementos, como carbono, oxigênio, nitrogênio, ferro e silício, embora em quantidades muito menores.

Os elementos mais pesados, como ferro e silício, geralmente são produzidos no núcleo das estrelas por meio de reações nucleares que ocorrem durante a fusão nuclear.

No entanto, em estrelas supergigantes como a NML Cygni, esses elementos podem ser produzidos em camadas mais externas da estrela por meio de um processo chamado nucleossíntese[7] convectiva.

Além disso, como está na fase final de sua vida, ela pode estar passando por processos de enriquecimento químico, como a convecção de material mais pesado das camadas internas para as camadas mais externas da estrela. Esses processos podem levar a uma variação na composição química da estrela ao longo do tempo.

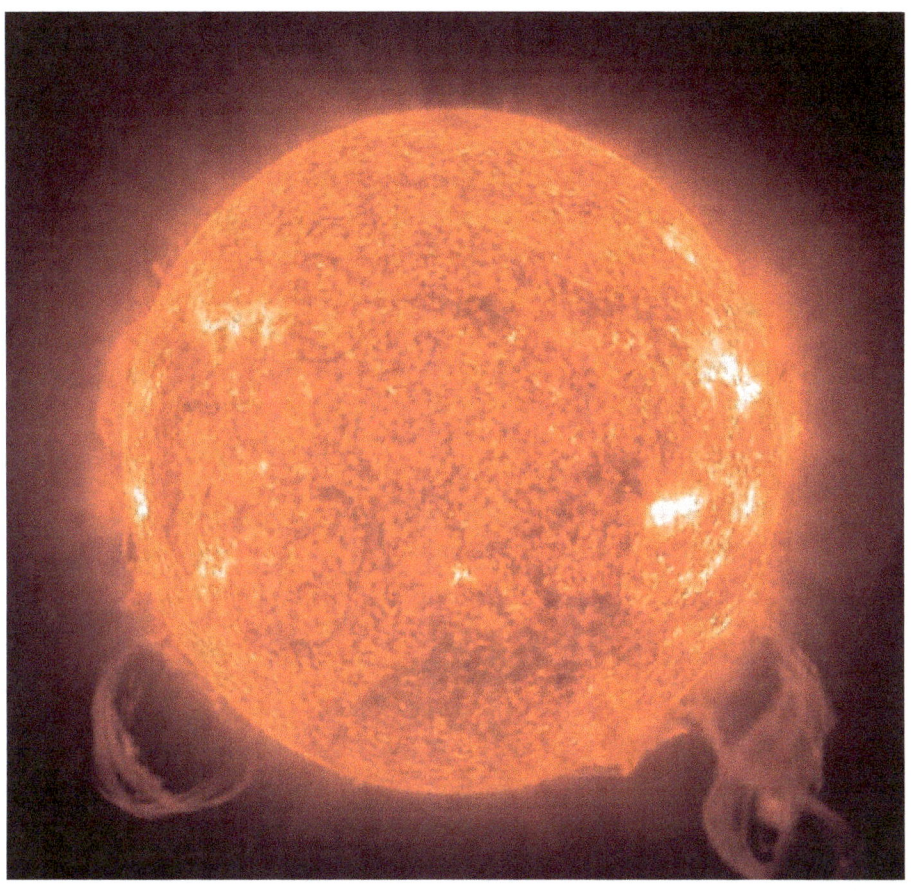

A órbita da estrela não é conhecida com precisão, uma vez que ela está localizada a uma grande distância da Terra e não tem um sistema estelar conhecido. Portanto, é difícil determinar a sua órbita em relação a outras estrelas ou corpos celestes.

Quanto à rotação, a NML Cygni é conhecida por ter uma rotação muito lenta. Como uma estrela supergigante vermelha, ela tem um diâmetro muito grande e, portanto, um período de rotação mais longo. Estimativas indicam que a velocidade de rotação é inferior a 5 km/s, muito mais lenta do que a velocidade de rotação do Sol, que é de cerca de 2 km/s na linha do equador.

É importante destacar que, devido à sua grande massa e tamanho, as forças gravitacionais internas na NML Cygni também podem afetar sua rotação, causando a desaceleração da estrela ao longo do tempo.

Essas informações são importantes para entender a evolução estelar e o comportamento das estrelas em diferentes estágios de suas vidas.

WESTERLUND 1-26

A estrela Westerlund 1-26 é uma das mais interessantes e misteriosas estrelas conhecidas pelos astrônomos. Localizada na região central da Nebulosa Carina, a uma distância de aproximadamente 3,52 klp (Kiloparsecs) da Terra, esta estrela supergigante vermelha tem despertado a curiosidade de cientistas de todo o mundo devido às suas características peculiares.

A Westerlund 1-26 foi descoberta em 1961 pelo astrônomo sueco Bengt Westerlund, que a identificou como uma estrela muito brilhante e pouco comum. Desde então, vários estudos têm sido realizados para compreender melhor suas características e propriedades.

Uma das principais características da Westerlund 1-26 é o seu tamanho. Com um diâmetro estimado em torno de 1.500 vezes o do Sol, ela é uma das maiores estrelas conhecidas, o que faz com que seja classificada como uma supergigante vermelha. Além disso, ela é extremamente luminosa, com uma magnitude aparente de cerca de 12, o que a torna facilmente visível através de telescópios potentes.

Outra peculiaridade da Westerlund 1-26 é a sua alta temperatura. Estudos indicam que sua temperatura superficial pode chegar a 20.000 graus Celsius, o que a torna uma das estrelas mais quentes conhecidas. Esta alta temperatura está associada à sua luminosidade, uma vez que ela emite uma grande quantidade de energia na forma de radiação visível e ultravioleta.

Além disso, a Westerlund 1-26 é também uma estrela instável, o que significa que sua luminosidade e temperatura variam ao longo do tempo. Esta instabilidade está relacionada à sua idade, que é relativamente jovem em termos astronômicos, com cerca de 3 milhões de anos. Durante este tempo, ela tem passado por diversas fases evolutivas, como a fusão de elementos mais pesados em seu núcleo e a expansão de sua atmosfera.

Outro aspecto que tem chamado a atenção dos astrônomos, é a possibilidade de a Westerlund 1-26 abrigar uma estrela de nêutrons em seu interior. Esta hipótese se baseia em observações que indicam que ela é cercada por uma nebulosa em forma de anel, que pode ter sido formada pela explosão de uma supernova. Se confirmada, esta descoberta seria de grande importância para a compreensão da física das estrelas de nêutrons e dos processos de formação estelar em geral.

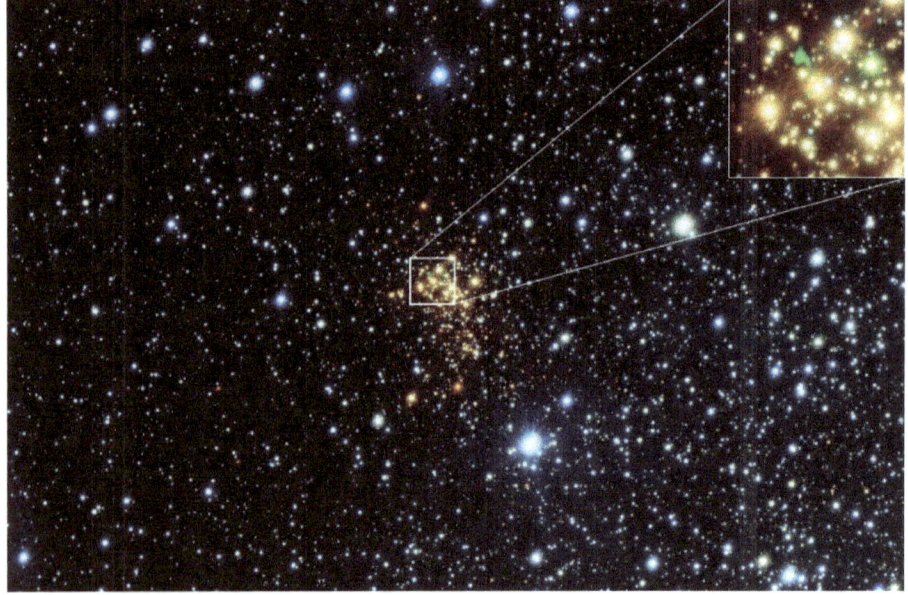

A composição química da estrela Westerlund 1-26 é um aspecto muito importante para entender suas características e evolução. Contudo, as informações disponíveis sobre a composição química dessa estrela são limitadas e ainda não foram completamente determinadas.

De acordo com alguns estudos, esta estrela é considerada muito rica em metais, o que significa que ela contém uma quantidade relativamente alta de elementos pesados em sua atmosfera. Alguns elementos químicos que foram identificados em sua atmosfera incluem hidrogênio, hélio, carbono, nitrogênio, oxigênio, silício e ferro.

Observações espectroscópicas da Westerlund 1-26, sugerem que ela possui uma abundância de ferro em relação ao hidrogênio maior do que a do Sol, o que pode indicar que ela se formou a partir de gás enriquecido em metais. Outro fato, é a presença de carbono em sua atmosfera, indica que ela pode ter passado por um processo de mistura convectiva, em que elementos mais pesados são transportados do núcleo para a superfície.

No entanto, as observações atuais não fornecem uma imagem clara da composição química da Westerlund 1-26. Mais estudos são necessários para obter uma compreensão mais completa da abundância de elementos químicos nesta estrela e como ela pode ter evoluído ao longo do tempo.

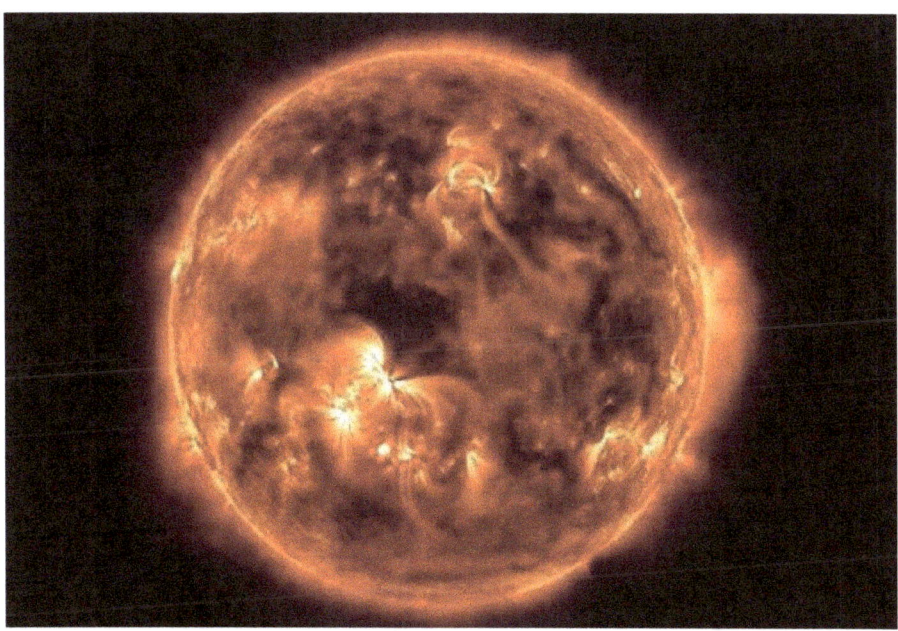

A órbita da estrela Westerlund 1-26 em torno do centro da Nebulosa Carina ainda não foi determinada com precisão. Isso se deve ao fato de que ela está localizada em uma região muito densa e turbulenta, dificultando a obtenção de observações precisas. Além disso, a estrela está localizada em um aglomerado estelar muito compacto, o que torna ainda mais difícil a determinação da sua órbita.

Em relação à rotação, estudos indicam que possui uma rotação lenta, com uma velocidade equatorial estimada em cerca de 20 km/s. Isso é relativamente baixo para uma estrela com um tamanho excessivamente grande e uma massa estimada em cerca de 20 massas solares.

A baixa velocidade de rotação da Westerlund 1-26 pode ser explicada pelo fato de que ela pode ter passado por um processo de acoplamento de maré com uma estrela companheira em algum momento de sua evolução. Este processo ocorre quando duas estrelas estão próximas o suficiente para que a gravidade de uma afete a forma da outra, fazendo com que suas rotações se sincronizem.

Um outro fator relevante é, a presença de um forte campo magnético em sua superfície que também pode estar contribuindo para uma rotação lenta. Isso ocorre porque o campo magnético da estrela pode exercer uma força que trava a rotação da estrela, impedindo-a de girar mais rapidamente.

ALPHA AURIGAE (CAPELLA)

A estrela Capella é uma estrela dupla localizada na constelação de Auriga, situada a cerca de 42 anos-luz de distância da Terra. É uma das estrelas mais brilhantes do céu noturno, com uma magnitude aparente de cerca de 0,1. Capella é uma estrela gigante amarela que é cerca de 2,5 vezes mais massiva do que o Sol e cerca de 10 vezes mais luminosa. A estrela é visível a olho nu e tem sido uma das estrelas mais estudadas pelos astrônomos.

A estrela Capella foi nomeada com base em uma palavra latina que significa "pequena cabra", referindo-se à constelação de Auriga, que representa um cocheiro que segura cabras em seu colo. A estrela Capella é uma estrela dupla composta por duas estrelas do tipo G, que orbitam uma em torno da outra a uma distância média de cerca de 0,74 UA (unidades astronômicas). Essa distância é aproximadamente a mesma distância entre o Sol e Vênus.

A órbita leva cerca de 104 dias para completar uma volta. Capella A é a estrela mais brilhante do sistema e é classificada como uma estrela gigante amarela. Sua temperatura de superfície é de cerca de 4.800 Kelvin e seu raio é cerca de 12 vezes o raio do Sol. Capella B, a segunda estrela do sistema, é menor e menos brilhante do que a estrela A. É também uma estrela do tipo G, mas é classificada como uma estrela subgigante. A temperatura de sua superfície é de cerca de 5.500 Kelvin e seu raio é cerca de 8 vezes o raio do Sol.

Os astrônomos estudaram a estrela Capella usando uma variedade de técnicas, incluindo observações visuais, espectroscopia e interferometria. As observações espectroscópicas mostraram que as estrelas Capella A e B são muito semelhantes em composição química e idade, o que sugere que elas se formaram juntas e evoluíram em conjunto. As observações interferométricas revelaram que Capella A tem uma atmosfera estendida, o que é esperado para uma estrela gigante.

A estrela Capella tem sido usada como um ponto de referência para a navegação por séculos. Ela era uma das quatro estrelas conhecidas como "as Estrelas Náuticas", que eram usadas para ajudar os marinheiros a encontrar seu caminho no mar. Além disso, Capella é frequentemente usada como uma estrela de calibração em estudos astronômicos, devido à sua luminosidade conhecida e à sua relativa proximidade da Terra.

As observações espectroscópicas e interferométricas revelaram muitas informações sobre a estrela, incluindo sua composição química, idade, temperatura e tamanho. A estrela Capella é um objeto importante tanto para a astronomia como para a navegação, e é um excelente exemplo de como as estrelas são estudadas e compreendidas pelos astrônomos.

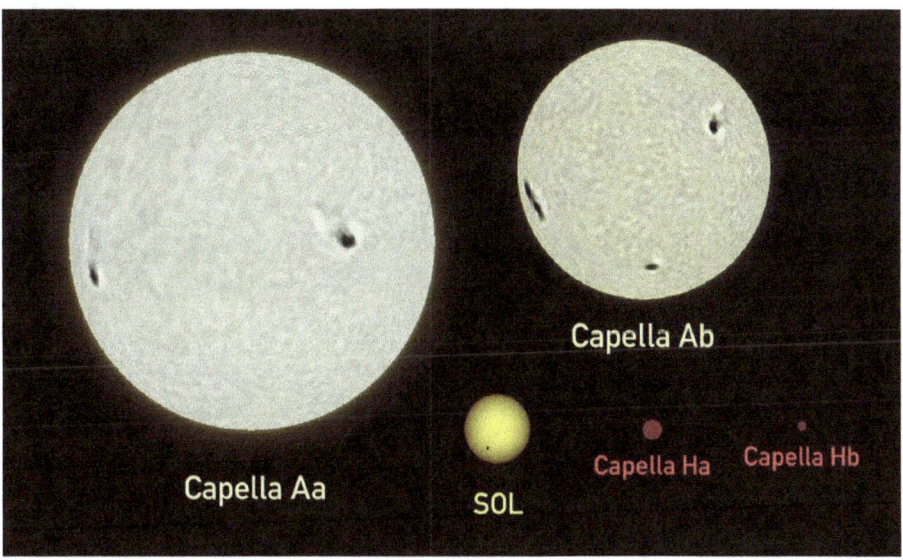

Além disso, Capella é um sistema estelar muito interessante para estudar a evolução estelar. Embora as estrelas A e B sejam muito semelhantes em composição química e idade, elas têm tamanhos e temperaturas diferentes, o que sugere que elas evoluíram de maneira diferente. As estrelas do tipo G são conhecidas por passar por uma fase em que se tornam gigantes vermelhas, expandindo-se a tal ponto que podem engolir planetas próximos. Estudar Capella pode ajudar os astrônomos a entender melhor como as estrelas evoluem e quais são as consequências dessa evolução.

Estudos espectroscópicos da luz emitida pelas estrelas, revelaram que elas são compostas principalmente de hidrogênio e hélio, que são os elementos mais abundantes no universo. Além disso, pequenas quantidades de outros elementos mais pesados foram detectadas em suas atmosferas, incluindo carbono, nitrogênio, oxigênio, ferro, silício, magnésio e outros.

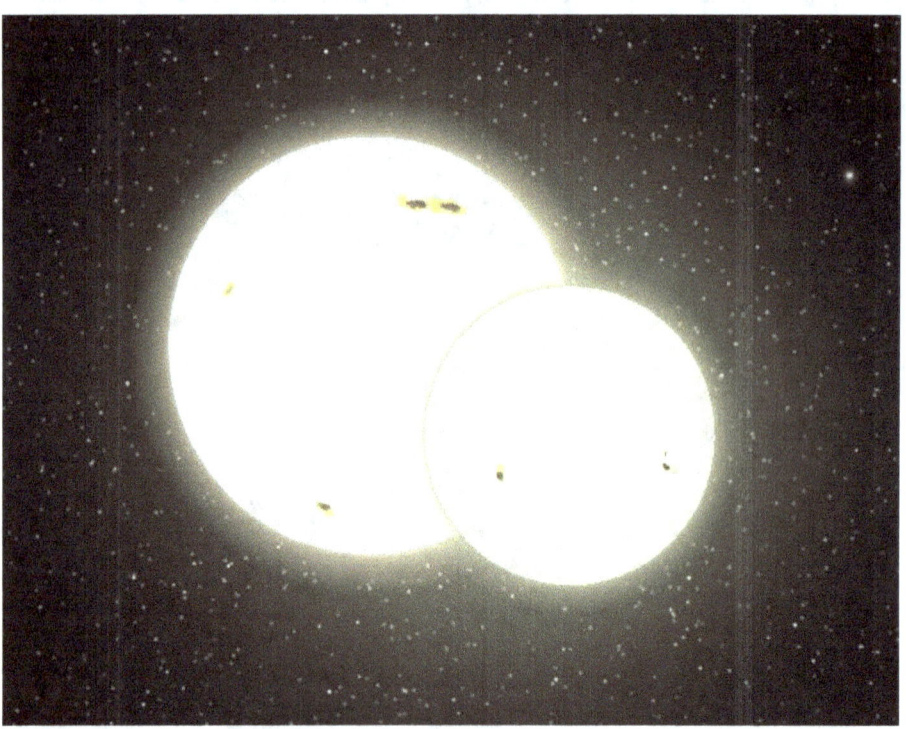

RMC 136A1

A estrela RMC 136a1 é uma das mais notáveis estrelas da nossa galáxia, a Via Láctea. Localizada na Nebulosa da Tarântula, na Grande Nuvem de Magalhães, a RMC 136a1 é uma das estrelas mais massivas e brilhantes conhecidas, com uma massa estimada em cerca de 315 vezes a massa do Sol. capitulo, apresentaremos as principais características da estrela RMC 136a1, bem como seu papel na evolução estelar.

Suas características físicas demonstram que é uma estrela Wolf-Rayet, uma classe de estrelas muito massivas e quentes que perderam grande parte de suas camadas externas de hidrogênio. A temperatura efetiva da estrela é estimada em cerca de 50.000 Kelvin, tornando-a uma das estrelas mais quentes conhecidas. Além disso, a estrela possui uma luminosidade extremamente alta, cerca de 8,7 milhões de vezes a luminosidade do Sol.

A RMC 136a1 é uma estrela binária, ou seja, é composta por duas estrelas orbitando uma em torno da outra. A estrela companheira é estimada em cerca de 25 vezes a massa do Sol e orbita a estrela primária em um período de cerca de 20 dias.
Este astro desempenha um papel importante na evolução estelar, especialmente na formação de buracos negros. Como uma estrela muito massiva, a RMC 136a1 evolui rapidamente e esgota seu combustível nuclear em uma escala de tempo relativamente curta, em comparação com estrelas menos massivas. Quando isso acontece, a estrela entra em colapso e explode como uma supernova, deixando para trás um remanescente estelar.

Neste caso, a explosão da supernova provavelmente resultará na formação de um buraco negro. Além disso, a RMC 136a1 também é uma fonte importante de radiação ionizante na Nebulosa da Tarântula, o que a torna importante para a compreensão da formação e evolução de regiões HII, que são regiões de hidrogênio ionizado.

A composição química da estrela RMC 136a1 é uma área de pesquisa em constante evolução e ainda não é completamente compreendida. No entanto, estudos indicam que a estrela tem uma composição química relativamente rica em elementos pesados, como carbono, oxigênio, nitrogênio, silício e ferro.

Através da análise do espectro da estrela, os astrônomos foram capazes de determinar que a RMC 136a1 possui uma abundância de hélio relativamente baixa em comparação com estrelas menos massivas. Além disso, a estrela também possui uma abundância relativamente alta de nitrogênio, o que é consistente com sua classificação como uma estrela Wolf-Rayet.

A análise espectral também sugere que a estrela RMC 136a1 pode ser enriquecida em elementos pesados produzidos em supernovas, o que é consistente com sua alta massa e rápida evolução. No entanto, mais estudos são necessários para entender completamente a composição química da estrela e como ela se relaciona com sua evolução estelar.

UY SCUTI

A estrela UY Scuti é um objeto astronômico fascinante que tem despertado grande interesse entre a comunidade científica e o público em geral. Trata-se de uma supergigante vermelha localizada na constelação de Scutum, cujas características físicas a colocam entre as maiores estrelas conhecidas no universo.

De acordo com as estimativas atuais, UY Scuti tem uma massa cerca de 30 vezes maior que a do Sol e um raio cerca de 1.700 vezes maior. Essas medidas, no entanto, ainda estão sujeitas a alguma incerteza, devido à dificuldade em se obter observações precisas de estrelas tão distantes. A distância em relação com a Terra é de aproximadamente 2912,65 parsecs, o que significa que a luz emitida por essa estrela leva mais de 9 mil anos para chegar até nós.

A análise espectral de UY Scuti tem revelado a presença de diversos elementos químicos em sua atmosfera, além de hidrogênio e hélio, tais como carbono, oxigênio, ferro e outros metais pesados. Esses elementos são produzidos através de reações nucleares no núcleo da estrela e transportados para a superfície por processos convectivos.

A órbita de UY Scuti em torno do centro da Via Láctea ainda é pouco conhecida, mas acredita-se que ela se mova em uma órbita elíptica e leve milhões de anos para completar uma volta completa. Em relação à rotação da estrela, as observações indicam que ela é uma estrela de baixa velocidade de rotação, levando cerca de 740 dias para completar uma rotação completa em torno de seu eixo. Esse valor é bastante incomum para uma estrela desse tamanho, e as causas desse fenômeno ainda não estão totalmente compreendidas.

A compreensão da estrutura e evolução de estrelas como UY Scuti é fundamental para o estudo da formação e evolução das galáxias e do universo como um todo. Além disso, estrelas supergigantes vermelhas como essa têm um papel importante no enriquecimento químico do meio interestelar, através da emissão de elementos pesados produzidos em seus núcleos e espalhados pelo espaço por meio de ventos estelares.

Por fim, é importante destacar que a observação e o estudo de estrelas distantes como UY Scuti são fundamentais para ampliar nosso conhecimento sobre o universo e sua complexidade. Apesar das dificuldades técnicas envolvidas, os avanços na astronomia têm permitido a obtenção de informações cada vez mais precisas sobre esses objetos, abrindo novas possibilidades para a exploração do universo em que vivemos.

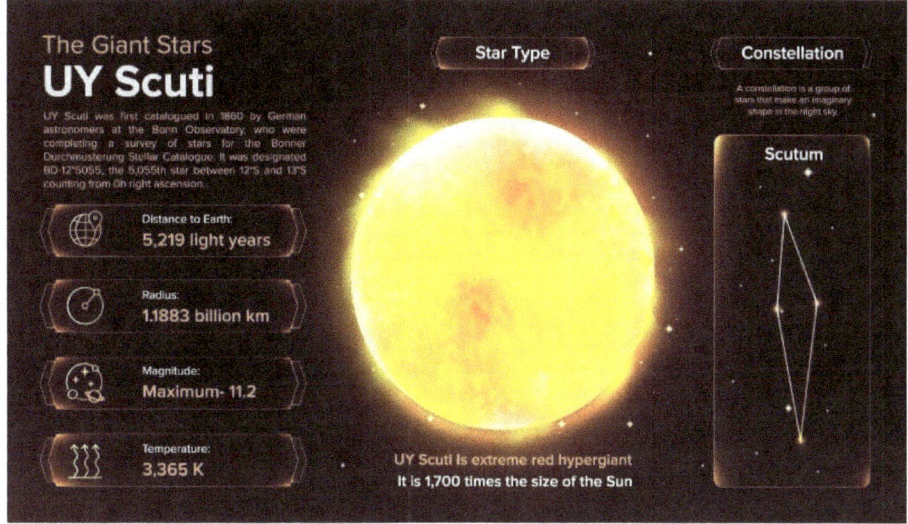

WOH G64

A estrela WOH G64 é uma supergigante vermelha localizada na Grande Nuvem de Magalhães, uma galáxia satélite da Via Láctea. Com uma magnitude aparente de cerca de 13, essa estrela é muito brilhante e pode ser vista com telescópios amadores de tamanho moderado.

Uma das maiores estrelas conhecidas, com um raio estimado em torno de 1.500 vezes o raio solar, essa supergigante vermelha é também muito massiva, com uma massa estimada em cerca de 25 vezes a massa solar.

Além disso, a WOH G64 é uma estrela muito velha, com uma idade estimada em torno de 10 milhões de anos. A observação fornece informações importantes para a compreensão da evolução estelar. Supergigantes vermelhas como essa estrela são estágios finais na evolução de estrelas massivas, e fornecem pistas sobre a evolução das estrelas de massa elevada. A WOH G64 em particular, é uma das estrelas mais luminosas conhecidas, e pode fornecer informações úteis sobre a evolução estelar em condições extremas.

Observações com telescópios no espectro visível e infravermelho revelam características interessantes da atmosfera dessa estrela. Por exemplo, observações espectroscópicas revelaram a presença de uma camada de gás expandida ao redor da estrela, chamada de envoltório circunstelar. A presença desse envoltório sugere que a WOH G64 está passando por uma fase de perda de massa intensa, com a ejeção de grandes quantidades de gás em seu ambiente.

Outras observações indicam que essa estrela pode estar prestes a explodir como uma supernova. Embora não seja possível prever com precisão quando isso acontecerá, os modelos teóricos sugerem que isso poderia acontecer em um futuro próximo, em termos astronômicos.

A composição química da estrela WOH G64 é um tópico de estudo ativo entre os astrônomos. No entanto, a análise espectral da estrela sugere que sua atmosfera é rica em hidrogênio e hélio, como é comum em estrelas. Além disso, foram detectados traços de elementos mais pesados, como carbono, oxigênio e nitrogênio.

As observações espectroscópicas da estrela também revelaram a presença de alguns elementos químicos menos comuns em sua atmosfera. Por exemplo, foram detectados traços de lítio, berílio e boro, que são normalmente difíceis de detectar em estrelas devido ao seu baixo teor. A presença desses elementos sugere que a WOH G64 pode ter passado por processos de mistura e enriquecimento químico em sua evolução estelar.

a análise espectral da estrela sugere que ela pode estar enriquecida em elementos produzidos por processos nucleares avançados, como o s-processo e o r-processo. Esses processos ocorrem em condições extremas, como em supernovas e colisões de estrelas de nêutrons, e produzem elementos mais pesados do que o ferro. A presença desses elementos em WOH G64 pode fornecer pistas sobre a origem desses elementos em estrelas de massa elevada.

RÍGEL

A estrela Rígel é uma das estrelas mais brilhantes visíveis a olho nu no céu noturno. Localizada na constelação de Orion, é uma estrela de classe B supergigante azul e tem uma magnitude aparente de cerca de 0,18. Sua posição no céu noturno faz com que seja facilmente identificada por astrônomos amadores e profissionais.

A estrela Rígel tem uma massa estimada em cerca de 23 vezes a massa do Sol e um diâmetro estimado em cerca de 78 vezes o diâmetro do Sol. É uma estrela jovem, com uma idade estimada em cerca de 10 milhões de anos. Em comparação, o Sol tem uma idade estimada em cerca de 4,6 bilhões de anos. Rigel está localizada a uma distância de cerca de 860 anos-luz da Terra.

A cor azul brilhante da estrela Rigel é indicativa de sua temperatura de superfície relativamente alta, estimada em cerca de 12.000 Kelvin. A alta temperatura de Rigel significa que ela emite uma grande quantidade de radiação ultravioleta e visível. Essa radiação é responsável pela luminosidade da estrela e é também a fonte de energia para a ionização dos gases no meio interestelar circundante.

Rigel é uma estrela variável, o que significa que sua luminosidade varia ligeiramente ao longo do tempo. A variação na luminosidade da estrela é causada pela pulsação de sua superfície, que pode ser observada como mudanças na largura das linhas espectrais em seu espectro.

A estrela Rigel também é conhecida por ser um sistema binário, composto por uma estrela principal e uma companheira menor. A natureza exata da companheira não é bem compreendida, mas é possível que seja uma estrela de classe B ou O menor.

Devido à sua brilhante luminosidade e localização na constelação de Orion, a estrela Rigel tem sido objeto de observação e estudo por astrônomos ao longo dos séculos. Ela é uma importante fonte de informações sobre a evolução estelar e a física estelar em geral.

A composição química da estrela Rigel é semelhante à de outras estrelas de sua classe. Como uma estrela supergigante azul de classe B, ela é composta principalmente de hidrogênio e hélio, como a maioria das estrelas. No entanto, ela também contém quantidades significativas de elementos mais pesados, como carbono, nitrogênio, oxigênio, silício e ferro.

Os elementos mais pesados são produzidos pela fusão nuclear no núcleo da estrela, onde as temperaturas e pressões são extremamente altas. Durante a vida de uma estrela como Rigel, ela passa por uma série de reações nucleares que produzem esses elementos mais pesados. Quando a estrela atinge o final de sua vida, ela pode explodir em uma supernova, espalhando esses elementos no espaço e enriquecendo a galáxia com os elementos que formam planetas e outras formas de vida.

A análise espectral da luz emitida pela estrela Rigel pode fornecer informações sobre sua composição química. Através de técnicas de espectroscopia, os astrônomos podem identificar as linhas espectrais de diferentes elementos em sua atmosfera e determinar as abundâncias relativas desses elementos.

Em geral, a composição química da estrela Rigel é muito semelhante à de outras estrelas de sua classe, mas a análise de suas linhas espectrais pode fornecer informações importantes sobre a evolução estelar e a formação de elementos no universo.

A estrela Rigel tem uma velocidade de rotação muito alta, girando em torno de seu eixo uma vez a cada 10,4 dias terrestres. Isso é cerca de 17 vezes mais rápido do que a velocidade de rotação do Sol. Devido à sua alta velocidade de rotação, Rigel é uma estrela achatada nos polos, com um diâmetro equatorial cerca de 50% maior do que o diâmetro polar.

A órbita desta estrela também é de interesse para os astrônomos. Rigel é uma estrela solitária e não faz parte de um sistema estelar binário ou múltiplo. No entanto, ela está localizada na constelação de Orion, que contém muitas estrelas jovens e brilhantes e está se movendo em relação ao nosso sistema solar a uma velocidade de cerca de 24,4 km/s.

A órbita da estrela Rigel em torno do centro galáctico da Via Láctea é estimada em cerca de 250 milhões de anos. Isso significa que desde que Rigel se formou, ela completou cerca de 4 órbitas em torno do centro galáctico. A posição de Rigel no céu noturno também está em constante mudança devido ao movimento próprio da estrela no espaço. O movimento próprio é a mudança aparente da posição de uma estrela no céu noturno em relação a outras estrelas de fundo, causada pelo movimento real da estrela no espaço.

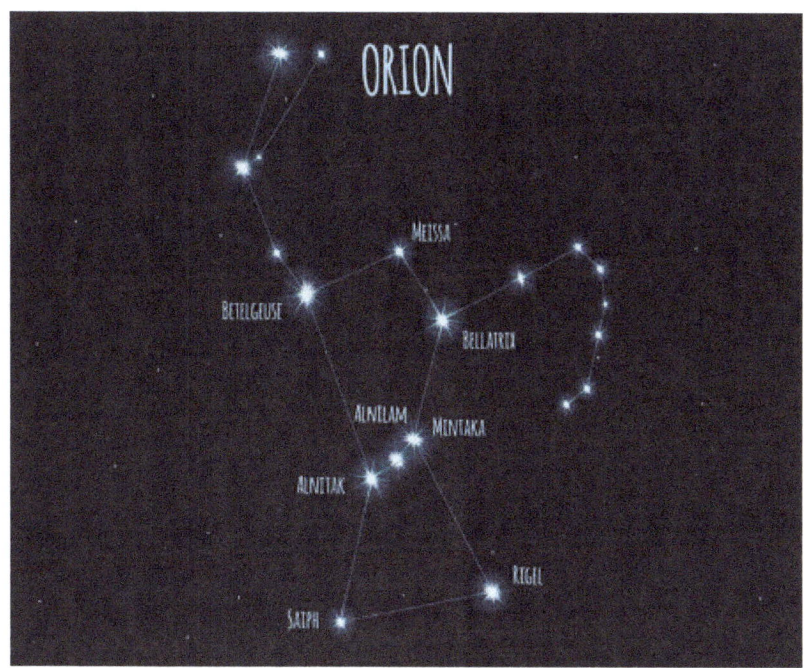

ESTRELAS NEGRAS

As estrelas negras são um fenômeno astronômico raro e intrigante que tem despertado o interesse da comunidade científica. Diferente das estrelas convencionais, as estrelas negras não emitem luz visível e, por isso, são difíceis de serem detectadas. Neste capitulo, será abordado o que são as estrelas negras, como elas são formadas e qual é o seu papel no universo.

O que são estrelas negras? As estrelas negras são estrelas extremamente compactas e densas, com uma massa tão grande que a força da gravidade é capaz de impedir que a luz escape delas. Devido a isso, elas não emitem luz visível e são praticamente invisíveis aos telescópios convencionais. A sua existência só pode ser detectada através dos efeitos gravitacionais que elas exercem sobre outras estrelas e objetos celestes próximos.

Estas estrelas são formadas a partir da explosão de estrelas massivas, conhecidas como supernovas. Durante a supernova, a estrela explode e o núcleo remanescente é comprimido por uma força gravitacional extremamente forte, formando uma estrela de nêutrons. Se a massa da estrela de nêutrons for ainda maior, ela pode colapsar ainda mais, formando uma estrela negra.

Estas estrelas têm um papel fundamental no universo, pois elas são responsáveis por manter a estabilidade das galáxias. A força gravitacional das estrelas negras mantém as estrelas e os planetas próximos a elas em órbita, impedindo que eles escapem para o espaço intergaláctico. Além disso, as estrelas negras também podem ter um papel importante na produção de raios cósmicos e na formação de buracos negros.

Uma estrela negra não necessita ter um horizonte de eventos, e pode ou não ser uma fase transicional entre uma estrela em colapso e uma singularidade. Uma estrela negra é criada quando matéria se comprime a uma taxa significativamente menor que a velocidade de queda livre de uma partícula hipotética caindo para o centro desta estrela, devido ao fato que processos quânticos criam polarização do vácuo, o qual cria uma forma de pressão de degeneração, prevenindo o espaço-tempo (e as partículas retidas nele) de ocupar o mesmo espaço ao mesmo tempo. Esta energia é teoricamente ilimitada, e forma-se rapidamente o suficiente, irá deter o colapso gravitacional de criar uma singularidade. Isto pode implicar numa taxa cada vez menor de colapso, conduzindo a um tempo infinito para o colapso, ou assintoticamente aproximando-se a um raio que não seja zero.

A estrela negra com um raio um pouco maior que o horizonte de eventos previstos para um buraco negro de massa equivalente, aparecerá muito escura visivelmente, porque quase toda a luz produzida retorna para a estrela. Qualquer luz que escapar será severamente afetada pela gravidade, gerando desvio para o vermelho (também conhecido pelo termo inglês *redshift*) nessa luminosidade. Ela irá aparecer quase exatamente como um buraco negro.

Caracterizará radiação Hawking[8], como partículas virtuais criadas na sua vizinhança ainda podendo ser divididas, com uma partícula escapando e a outra sendo presa. Além disso, ele irá criar radiação térmica Planckiana que se assemelham a esperada radiação Hawking equivalente de um buraco negro.

O interior previsto de uma estrela negra será composto por esse estranho estado de espaço-tempo, com cada comprimento em profundidade dirigindo-se para dentro, aparecendo da mesma forma que uma estrela negra de massa e raio equivalentes com a cobertura removida. As temperaturas aumentam com a profundidade em direção ao centro.

ESTRELAS DE NÊUTRONS

As estrelas de nêutrons são um dos objetos mais fascinantes e enigmáticos do universo. Elas são remanescentes compactos de estrelas massivas que se esgotaram de combustível nuclear e entraram em colapso gravitacional. Devido à sua incrível densidade, as estrelas de nêutrons apresentam propriedades físicas extremas, que as tornam alvo de grande interesse e estudo na astrofísica.

As estrelas de nêutrons são formadas a partir de supernovas, que ocorrem quando uma estrela massiva esgota todo o seu combustível nuclear e a força gravitacional do seu núcleo se torna insustentável. Nesse momento, o núcleo da estrela entra em colapso, formando uma esfera de matéria extremamente densa, com cerca de 20 quilômetros de diâmetro. Essa esfera é composta principalmente por nêutrons, que são partículas subatômicas sem carga elétrica, e é cercada por uma atmosfera de elétrons e prótons.

A densidade da matéria nas estrelas de nêutrons é tão alta que uma colher de chá de sua matéria pesaria milhões de toneladas na Terra. Além disso, as estrelas de nêutrons giram muito rapidamente, com velocidades de rotação de até centenas de vezes por segundo. Esse giro rápido é resultado do princípio da conservação do momento angular, que faz com que a velocidade de rotação aumente à medida que a estrela encolhe.

As estrelas de nêutrons são detectadas através de sua emissão de radiação eletromagnética, que pode ser observada em diversas faixas do espectro eletromagnético, incluindo raios-X, raios gama e ondas de rádio. Essa radiação é produzida por vários processos físicos que ocorrem nas estrelas de nêutrons, como a rotação rápida, os campos magnéticos intensos e a interação com o material em seu ambiente.

Uma das propriedades mais intrigantes das estrelas de nêutrons é o seu campo magnético extremamente intenso, que pode ser bilhões de vezes mais forte que o campo magnético da Terra. Esse campo magnético intenso cria uma região de plasma ao redor da estrela, conhecida como magnetosfera, que interage com o meio interestelar e pode produzir emissões de rádio.

Nesses sistemas, as estrelas orbitam em torno de um centro de massa comum e podem interagir gravitacionalmente e através de emissões de radiação, produzindo efeitos complexos e fascinantes.

As estrelas de nêutrons também podem formar sistemas binários com outras estrelas, produzindo efeitos complexos. O estudo das estrelas de nêutrons é essencial para a compreensão da física de altas energias e do universo como um todo.

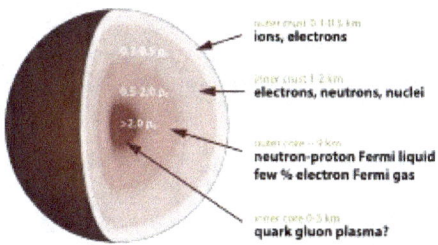

Estrutura de uma estrela de nêutrons

Pulsares são estrelas de nêutrons muito pequenas e muito densas. Os pulsares podem apresentar um campo gravitacional até 1 bilhão de vezes o campo gravitacional terrestre. Eles provavelmente são os *restos* de estrelas que entraram em colapso ou de supernovas. À medida que uma estrela vai perdendo energia, sua matéria é comprimida em direção ao seu centro, ficando cada vez mais densa. Quanto mais a matéria da estrela se move em direção ao seu centro, mais rápido ela gira.

Eles emitem um fluxo de energia constante. Essa energia é concentrada em um fluxo de partículas eletromagnéticas que são emitidas a partir dos polos magnéticos da estrela. Quando a estrela gira, o feixe de energia é espalhado no espaço, como o feixe de luz de um farol. Somente quando o feixe incide sobre a Terra é que podemos detectar os pulsares através de radiotelescópios. A luz emitida pelos pulsares no espectro visível é tão pequena que não é possível observá-la a olho nu. Somente os radiotelescópios podem detectar a forte energia que eles emitem.

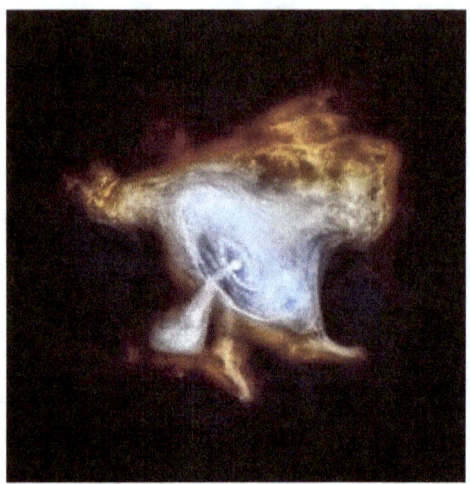

O Pulsar do Caranguejo. Esta imagem combina informação óptica recolhida
pelo Hubble (a vermelho) e imagens raio-X do Chandra (a azul).

O pulsar PSR 1913+16 é um sistema orbitado por estrelas
de nêutrons com uma separação máxima de apenas um
raio solar entre elas. Possui movimentos rápidos, e as observações
indicam que o período orbital desse sistema deve diminuir
relativamente rápido, tendo em vista seu forte sinal de onda
gravitacional; desde 1975 o período já diminuiu de 10 segundos.

O disco de aceleração, no caso de uma supernova ocorrer em um
sistema binário, a companheira da supernova pode sofrer alguns
danos em suas camadas superficiais (e mesmo assim continuar
sua vida), devido cada parte do binário gerar um domínio de
força gravitacional próprio em forma de gota, que se unem em
forma de "8" formando uma superfície equipotencial; chamada
de Lóbulo de Roche (todos os pontos apresentam o mesmo
potencial gravitacional). Uma Estrela de Nêutrons será formada
próximo à outra estrela vizinha a partir da supernova. Quando a
estrela vizinha evoluir para uma Gigante Vermelha, esta preenche
o Lóbulo, o seu gás irá espiralar em direção à estrela de nêutrons
via Ponto de Lagrange do Lóbulo (ponto de equilíbrio instável por
onde a matéria pode ser transferida). Esse gás que é tragado pela
estrela de nêutrons devido sua rotação, formará um espesso disco
ao redor dela; tal disco é chamado de disco de acreção.

O atrito que existe entre camadas de gás nas órbitas próximas ao longo do disco de acreção leva à perda de momento angular e ao movimento de queda em espiral em direção à superfície da estrela de nêutrons. O gás em espiral move-se em direção ao campo gravitacional da estrela de nêutrons, então sua energia gravitacional é convertida na forma de energia térmica dentro do disco de acreção.

Na parte interna do disco de acreção a energia gravitacional é liberada com maior intensidade, atingindo uma temperatura média de milhões de graus. Uma enorme fonte de energia torna-se presente nessa região, onde há grande emissão de radiações, tais como ultravioleta e raios-x. A pressão na estrela de nêutrons pode sofrer um grande aumento se o gás for transferido em uma quantidade relativamente alta do disco de acreção para a estrela de nêutrons; dessa forma, a energia fica acumulada, e assim, eventualmente, o gás é expulso da estrela de nêutrons, fazendo com que existam fortes correntes de gás em sua órbita.

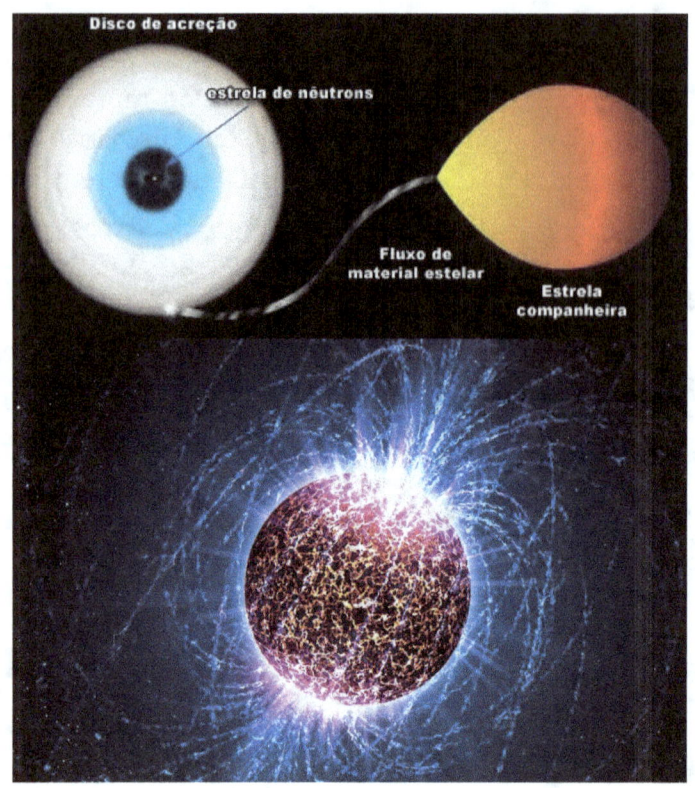

CONSIDERAÇÕES FINAIS

A o concluirmos este livro sobre as estrelas do universo, podemos afirmar que esses objetos celestes são verdadeiras maravilhas cósmicas. Elas são responsáveis pela criação de elementos químicos, pela produção de luz e calor, além de serem um dos principais elementos que formam as galáxias.

Aprendemos que as estrelas podem variar em tamanho, temperatura, cor e brilho, o que pode afetar significativamente seu ciclo de vida e destino final. Algumas estrelas acabam explodindo em supernovas, enquanto outras podem se tornar buracos negros ou estrelas de nêutrons.

As estrelas também desempenham um papel importante em nossa própria existência, pois são responsáveis pela luz que vemos durante o dia, pelo aquecimento de nosso planeta e pelo fornecimento de elementos essenciais para a vida, como o carbono e o oxigênio.

No entanto, ainda há muito a ser descoberto sobre as estrelas e o universo em que vivemos. À medida que a ciência avança, novas tecnologias e métodos de pesquisa nos permitem estudar as estrelas e compreender melhor sua origem, evolução e papel no cosmos.

Em suma, este livro nos mostrou a grandeza e a complexidade das estrelas do universo e como elas são essenciais para a nossa compreensão do cosmos e da nossa própria existência.

REFERÊNCIAS BIBLIOGRÁFICAS

Anglada-Escudé, Guillem; et al. (agosto de 2016). «A terrestrial planet candidate in a temperate orbit around Proxima Centauri». Nature. 536 (7617): 437-440. Bibcode:2016Natur.536..437A. doi:10.1038/nature19106

Baker, J.; Bizzarro, M.; Wittig, N.; Connelly, J.; Haack, H. (2005). «Early planetesimal melting from an age of 4.5662 Gyr for differentiated meteorites». Nature. 436: 1127–1131. doi:10.1038/nature03882

Barceló, C.; Liberati, S.; Sonego, S.; Visser, M. (2008). "Fate of gravitational collapse in semiclassical gravity". Physical Review D 77: 044032. doi:10.1103/PhysRevD.77.044032. (em inglês)

BessaSoares (9 de fevereiro de 2011). O Sol é uma esfera perfeita. MaisTecnologia. Consultado em 30 de junho de 2021

Bonanno, A.; Schlattl, H.; Paternò, L. (2008). «The age of the Sun and the relativistic corrections in the EOS». Astronomy and Astrophysics. 390: 1115–1118. doi:10.1051/0004-6361:20020749

Camenzind, Max (24 de fevereiro de 2007). Compact Objects in Astrophysics: White Dwarfs, Neutron Stars and Black Holes Springer Science & Business Media. p. 269. ISBN 978-3-540-49912-1

Dearborn, David S. P. (2016). «Evolutionary Tracks for Betelgeuse». The Astrophysical Journal. 819. 7 páginas. Bibcode:2016ApJ...819....7D. arXiv:1406.3143v2. doi:10.3847/0004-637X/819/1/7

DeWarf, L. E.; Datin, K. M.; Guinan, E. F. (outubro de 2010). «X-ray,

FUV, and UV Observations of α Centauri B: Determination of Long-term Magnetic Activity Cycle and Rotation Period». The Astrophysical Journal. 722 (1): 343-357. Bibcode:2010ApJ...722..343D. doi:10.1088/0004-637X/722/1/343

Dolan, Michelle M.; Mathews, Grant J.; Lam, Doan Duc; Lan, Nguyen Quynh; Herczeg, Gregory J.; dos Anjos, Sandra. Evolução de Estrelas em Sistemas Binários (PDF). Instituto de Astronomia, Geofísica e Ciências Atmosféricas: Universidade de são Paulo.

Edward F. Guinan; Richard J. Wasatonic; Thomas J. Calderwood (8 de dezembro de 2019). «ATel #13341: The Fainting of the Nearby Red Supergiant Betelgeuse». The Astronomer's Telegram. Consultado em 11 de janeiro de 2023

ESO: Imagem de Eta Carinae com maior resolução obtida até à data incl. Fotos & Animation
Estudo mostra que o Sol é esfera mais perfeita da natureza. www.apolo11.com. Consultado em 30 de junho de 2021

G. Wallerstein; I. Iben Jr.; P. Parker; A. M. Boesgaard; G. M. Hale; A. E. Champagne; , C. A. Barnes; F. KM-dppeler; V. V. Smith; R. D. Hoffman; F. X.
Timmes; C. Sneden; R. N. Boyd; B. S. Meyer; D. L. Lambert (1999).

GCVS Query=Eta+Car». General Catalogue of Variable Stars @ Sternberg Astronomical Institute, Moscow, Russia. Consultado em 12 de novembro de 2022

Glendenning, Norman K. (2012). Compact Stars: Nuclear Physics, Particle Physics and General Relativity illustrated ed. [S.l.]: Springer Science & Business Media. p. 1. ISBN 978-1-4684-0491-3 Extract of page

Godier, S.; Rozelot, J.-P. (2000). The solar oblateness and its relationship with the structure of the tachocline and of the Sun's subsurface (PDF). Astronomy and Astrophysics. 355: 365–

374. Bibcode:2000A&A...355..365G

Haensel, Paweł; Potekhin, Alexander Y.; Yakovlev, Dmitry G. (2007). Neutron Stars. [S.l.]: Springer. ISBN 0-387-33543-9

Ham, W.T. Jr.; Mueller, H.A.; Ruffolo, J.J. Jr.; Guerry, D. III, (1980). «Solar Retinopathy as a function of Wavelength: its Significance for Protective

Eyewear». In: Williams, T.P.; Baker, B.N. The Effects of Constant Light on Visual Processes. [S.l.]: Plenum Press. pp. 319–346. ISBN: 0306403285

Harper, G. M.; et al. (julho de 2017). «An Updated 2017 Astrometric Solution for Betelgeuse». The Astronomical Journal. 154 (1): artigo 11, 6 pp. Bibcode:2017AJ....154...11H. doi:10.3847/1538-3881/aa6ff9

Helerbrock, Rafael. «O que é uma estrela de nêutrons?. Brasil Escola. O que é física?. Rede Omnia. Consultado em 21 de dezembro de 2022

Hitchcock, R. Timothy; Patterson, Patterson (1995). Radio-Frequency and ELF Electromagnetic Energies: A Handbook for Health Professionals. [S.l.]: John Wiley and Sons. p. 218. ISBN: 9780471284543

Howard R. A.; Moses J. D.; Socker D. G.; Dere K. P.; Cook J. W. (2002). «Sun Earth Connection Coronal and Heliospheric Investigation (SECCHI)». Solar Variabilit and Solar Physics Missions Advances in Space Research. 29 (12): 2017–2026

Keenan, Philip C.; McNeil, Raymond C. (outubro de 1989). «The Perkins catalog of revised MK types for the cooler stars». Astrophysical Journal Supplement Series. 71: 245-266. Bibcode:1989ApJS...71..245K. doi:10.1086/191373

Kervella, P.; Mignard, F.; Mérand, A.; Thévenin, F. (outubro de 2016). «Close stellar conjunctions of α Centauri A and B until

2050 . An mK = 7.8 star may enter the Einstein ring of α Cen A in 2028». Astronomy & Astrophysics. 594: A107, 15.

Kiziltan, Bulent (2011). Reassessing the Fundamentals: On the Evolution, Ages and Masses of Neutron Stars. [S.l.]: Universal-Publishers. ISBN 1-61233-765-1

Lodders, K. (2003). «Solar System Abundances and Condensation Temperatures of the Elements». Astrophysical Journal. 591 (2): 1220. doi:10.1086/375492

Miglio, A.; Montalbán, J. (outubro de 2005). «Constraining fundamental stellar parameters using seismology. Application to α Centauri AB». Astronomy and Astrophysics. 441 (2):615629. Bibcode:2005A&A...441..615M. doi :10.1051/0004-6361:20052988

Montargès, M.; Kervella, P.; Perrin, G.; Chiavassa, A.; Le Bouquin, J.-B.; Aurière, M.; López Ariste, A.; Mathias, P.; Ridgway, S. T.; Lacour, S.; Haubois, X.; Berger, J.-P. (2016). «The close circumstellar environment of Betelgeuse. IV.

VLTI/PIONIER interferometric monitoring of the photosphere». Astronomy & Astrophysics. 588:A130. Bibcode:2016A&A...588A.130M. arXiv:1602.05108. doi:10.1051/0004-6361/201527028

NASA Satellites Capture Start of New Solar Cycle. PhysOrg (Science/Physics News). 4 de janeiro de 2008. Consultado em 10 de julho de 2022.
NASA. «The RXTE X-ray Lightcurve of Eta Carinae (A Curvatura da Luz em Raio X de Eta Carinae)

O'Gorman, E.; et al. (agosto de 2015). «Temporal evolution of the size and temperature of Betelgeuse's extended atmosphere». Astronomy & Astrophysics. 580: A101, 11 pp. Bibcode:2015A&A...580A.101O. doi:10.1051/0004-6361/201526136 orel, Thierry (agosto de 2018). «The chemical composition of α Centauri AB revisited». Astronomy & Astrophysics. 615: A172, 22.

Paardekooper, S.-J.; Leinhardt, Z. M. (março de 2010). «Planetesimal collisions in binary systems». Monthly Notices of the Royal Astronomical Society: Letters. 403 (1): L64-L68.

Phillips, 1995, pp. 78–79 Revista Pesquisa Fapesp (8 de Março de 2012). «Revista pesquisa Fapesp: Eta carinae, além do eclipse Robrade, J.; Schmitt, J. H. M. M.; Favata, F. (outubro de 2005). «X-rays from α Centauri - The darkening of the solar twin». Astronomy and Astrophysics. 442 (1): 315-321. Bibcode:2005A&A...442..315R. doi:10.1051/0004-6361:20053314

Samus, N. N.; Kazarovets, E. V.; Durlevich, O. V.; Kireeva, N. N.; Pastukhova, E. N. (janeiro de 2009). «VizieR Online Data Catalog: General Catalogue of Variable Stars (Samus+, 2007-2017)». VizieR On-line Data Catalog: B/gcvs. Bibcode:2009yCat....102025S

Schutz, Bernard F. (2003). Gravity from the ground up. [S.l.]: Cambridge University Press. pp. 98–99. ISBN 9780521455060

Seidelmann; et al. (2000). Report Of The IAU/IAG Working Group On Cartographic Coordinates And Rotational Elements Of The Planets And Satellites: 2000». Consultado em 22 de março de 2006

SIMBAD basic query result». SIMBAD. Consultado em 09 de janeiro 2023

Sol. iDicionário Aulete. Consultado em 14 de abril de 2010. Arquivado do original em 6 de Julho de 2022

The Sun's Vital Statistics». Stanford Solar Center. Consultado em 29 de julho de 2008, citando Eddy, J. (1979). A New Sun: The Solar Results From Skylab. [S.l.]: NASA. p. 37. NASA SP-402

Visser, Matt; Barcelo, Carlos; Liberati, Stefano; Sonego, Sebastiano (2009) "Small, dark, and heavy: But is it a black hole?", Bibcode: 2009arXiv0902.0346V

Woolfson, M. (2000). «The origin and evolution of the solar system». Astronomy & Geophysics. 41. 1.12 páginas. doi:10.1046/j.1468-4004.2000.00012.x

Zeilik, M.A.; Gregory, S.A. (1998). Introductory Astronomy & Astrophysics 4th ed. [S.l.]: Saunders College Publishing. p. 322. ISBN 0030062284

Zhang, Bing; Xu, R. X.; Qiao, G. J. (2000). «Nature and Nurture: a Model for Soft Gamma-Ray Repeaters». The Astrophysical Journal. 545 (2): 127–129. Bibcode:2000ApJ...545L.127Z. arXiv:astro-ph/0010225. doi:10.1086/317889. Consultado em 22 de setembro de 2021

Zhao, Lily; Fischer, Debra A.; Brewer, John; Giguere, Matt; Rojas-Ayala, Bárbara (janeiro de 2018). «Planet Detectability in the Alpha Centauri System». The Astronomical Journal. 155 (1): artigo 24, 12.

---

[1] Em astronomia, o **periélio** (ou **perélio**), que vem de *peri* (à volta, perto) e *hélio* (Sol), é o ponto da órbita de um corpo, seja ele planeta, planeta anão, asteroide ou cometa, que está mais próximo do Sol. Quando um corpo se encontra no periélio, ele tem a maior velocidade de translação de toda a sua órbita. Quando o corpo em questão estiver orbitando qualquer outro objeto celeste que não o Sol, utiliza-se o nome genérico periastro para identificar esse ponto.

[2] Afélio é o ponto da órbita em que um planeta ou um corpo menor do sistema solar está mais afastado do Sol. Quando se trata de um objeto que orbita uma estrela que não é o Sol, esse ponto é denominado apoastro. As órbitas de todos os planetas são sempre elípticas, tendo sempre um ponto mais afastado (**afélio**) e um ponto mais próximo (periélio).

[3] unidade de base do Sistema Internacional de Unidades (SI) para a grandeza temperatura termodinâmica. O kelvin é a fração 1/273,16 da temperatura termodinâmica do ponto triplo da água, ou seja, é definido de tal modo que o ponto triplo da água é exatamente 273,16 K

[4] Técnica utilizada para estimar a idade de objetos e eventos astrofísicos. Esta técnica emprega a abundância de núcleos radiativos, tais como urânio e tório, similar ao uso do carborno-14 na datação de carbono.

[5] Determinação da idade de um objeto a partir das substâncias radioativas nele

contidas e dos produtos do decaimento radioativo

[6] Em astronomia, a paralaxe estelar é utilizada para medir a distância das estrelas utilizando o movimento da Terra em sua órbita. É o ângulo formado pelas semirretas que partem do centro de um astro e vão ter, uma ao centro da Terra, outra ao ponto onde se acha o observador.

[7] A nucleossíntese é o processo de criação de novos núcleos atômicos a partir dos núcleos pré-existentes para chegar a gerar o restante dos elementos da tabela periódica.

[8] Esta radiação foi prevista a partir de considerações teóricas tanto da teoria da Relatividade Geral quanto da Termodinâmica Clássica. A linha de raciocínio original foi traçada por um cientista israelense chamado Jacob Bekenstein, que tinha sugerido que os buracos negros poderiam ter uma entropia bem definida, o que, por sua vez, sugeriria que eles teriam também uma temperatura igualmente bem definida. Por mérito desta previsão, a radiação de Hawking é, às vezes, chamada de radiação de Bekestein-Hawking.

SOBRE O AUTOR

José Ruiz Watzeck

Jornalista, Escritor, Autor, Geógrafo, Matemático, Professor, Neuropsicopedagogo, Especialista em Docência do Ensino Superior, Pós graduado em Auditoria, Gestão e Licenciamento Ambiental, Pós graduado em Geoprocessamentos e Georreferenciamentos, Pedagogo.

LIVROS DESTE AUTOR

A História Da Astronomia - Da Pré-História Ao Século Xx

A Astronomia é a mais antiga das ciências. Descobertas arqueológicas têm fornecido evidências de observações astronômicas entre os povos pré-históricos. Desde a antiguidade, o céu vem sendo usado como mapa, calendário e relógio. Os registros astronômicos mais antigos datam de aproximadamente 3.000 a.C. e se devem aos chineses, babilônios, assírios e egípcios. Naquele período, os astros eram estudados com objetivos práticos, como medir a passagem do tempo (calendários), para prever a melhor época para o plantio e a colheita, ou com objetivos mais relacionados à astrologia, como fazer previsões do futuro, já que acreditavam que os deuses do céu tinham o poder da colheita, da chuva e mesmo da vida.

Estudando os sítios megalíticos, tais como os de Callanish, na Escócia, o círculo de Stonehenge, na Inglaterra, que data de 2.500 a 1.700 a.C., e os alinhamentos de Carnac, na Bretanha, os astrônomos e arqueólogos, chegaram à conclusão de que os alinhamentos e círculos serviam como marcos indicadores de referências e importantes pontos do horizonte, como por exemplo as posições extremas do nascer e ocaso do Sol e da Lua, no decorrer do ano. Esses monumentos megalíticos são autênticos observatórios destinados à previsão de eclipses na Idade da Pedra. Em Stonehenge, cada pedra pesa em média 26 toneladas. e a avenida principal que parte do centro do monumento aponta para o local em que o Sol nasce no dia mais longo do verão. Nessa estrutura, algumas pedras estão alinhadas com o nascer e o pôr do

Sol no início do verão e do inverno. Os maias, na América Central, também tinham conhecimentos de calendário e de fenômenos celestes, e os polinésios aprenderam a navegar por meio de observações celestes.

www.ingramcontent.com/pod-product-compliance
Lightning Source LLC
Chambersburg PA
CBHW070353220526
45467CB00001B/368